全国注册建筑师资格考试丛书

二级注册建筑师资格考试教材

· 1 ·

场地与建筑方案设计（作图题）

（第二版）

全国注册建筑师资格考试教材编委会　编
曹纬浚　主编

中国建筑工业出版社

图书在版编目（CIP）数据

二级注册建筑师资格考试教材. 1，场地与建筑方案设计：作图题 / 全国注册建筑师资格考试教材编委会编；曹纬浚主编. — 2版. — 北京：中国建筑工业出版社，2023.12

（全国注册建筑师资格考试丛书）

ISBN 978-7-112-29330-8

Ⅰ.①二… Ⅱ.①全… ②曹… Ⅲ.①场地－建筑设计－资格考试－自学参考资料②建筑方案－建筑设计－资格考试－自学参考资料 Ⅳ.①TU

中国国家版本馆 CIP 数据核字（2023）第 215767 号

责任编辑：何 楠 张 建 徐 冉
责任校对：芦欣甜
校对整理：张惠雯

全国注册建筑师资格考试丛书
二级注册建筑师资格考试教材
·1·
场地与建筑方案设计（作图题）
（第二版）
全国注册建筑师资格考试教材编委会 编
曹纬浚 主编
*
中国建筑工业出版社出版、发行（北京海淀三里河路 9 号）
各地新华书店、建筑书店经销
北京红光制版公司制版
北京圣夫亚美印刷有限公司印刷
*

开本：787 毫米×1092 毫米 1/16 印张：18¾ 字数：472 千字
2023 年 12 月第二版 2023 年 12 月第一次印刷
定价：**62.00** 元（含增值服务）
ISBN 978-7-112-29330-8
（42032）

版权所有 翻印必究
如有内容及印装质量问题，请联系本社读者服务中心退换
电话：（010）58337283 QQ：2885381756
（地址：北京海淀三里河路 9 号中国建筑工业出版社 604 室 邮政编码：100037）

全国注册建筑师资格考试教材
编委会

主 任 委 员 赵春山

副主任委员 于春普 曹纬浚

主　　　编 曹纬浚

副 主 编 姜忆南

主 编 助 理 曹 京 陈 璐

编　　　委（以姓氏笔画为序）

于春普	王又佳	王昕禾	叶 飞
冯 东	冯 玲	刘 捷	刘 博
许 萍	孙 伟	杜晓辉	李 英
陈 岚	陈 璐	陈向东	赵春山
荣玥芳	侯云芬	姜忆南	贾昭凯
晁 军	钱民刚	郭保宁	曹 京
曹纬浚	穆静波	魏 鹏	

序

赵春山

(住房和城乡建设部执业资格注册中心原主任)

我国正在实行注册建筑师执业资格制度，从接受系统建筑教育到成为执业建筑师之前，首先要得到社会的认可，这种社会的认可在当前表现为取得注册建筑师执业资格证书，而建筑师在未来怎样行使执业权力，怎样在社会上进行再塑造和被再评价从而建立良好的社会资源，则是另一个角度对建筑师的要求。因此在如何培养一名合格的注册建筑师的问题上有许多需要思考的地方。

一、正确理解注册建筑师的准入标准

我们实行注册建筑师制度始终坚持教育标准、职业实践标准、考试标准并举，三者之间相辅相成、缺一不可。所谓教育标准就是大学专业建筑教育。建筑教育是培养专业建筑师必备的前提。一个建筑师首先必须经过大学的建筑学专业教育，这是基础。职业实践标准是指经过学校专门教育后又经过一段有特定要求的职业实践训练积累。只有这两个前提条件具备后才可报名参加考试。考试实际就是对大学建筑教育的结果和职业实践经验积累结果的综合测试。注册建筑师的产生都要经过建筑教育、实践、综合考试三个过程，而不能用其中任何一个去代替另外两个过程，专业教育是建筑师的基础，实践则是在步入社会以后通过经验积累提高自身能力的必经之路。从本质上说，注册建筑师考试只是一个评价手段，真正要成为一名合格的注册建筑师还必须在教育培养和实践训练上下功夫。

二、关注建筑专业教育对职业建筑师的影响

应当看到，我国的建筑教育与现在的人才培养、市场需求尚有脱节的地方，比如在人才知识结构与能力方面的实践性和技术性还有欠缺。目前在建筑教育领域实行了专业教育评估制度，一个很重要的目的是想以评估作为指挥棒，指挥或者引导现在的教育向市场靠拢，围绕着市场需求培养人才。专业教育评估在国际上已成为一种通行的做法，是一种通过社会或市场评价教育并引导教育围绕市场需求培养合格人才的良好机制。

当然，大学教育本身与社会的具体应用需要之间有所区别，大学教育更侧重于专业理论基础的培养，所以我们就从衡量注册建筑师第二个标准——实践标准上来解决这个问题。注册建筑师考试前要强调专业教育和三年以上的职业实践。现在专门为报考注册建筑师提供一个职业实践手册，包括设计实践、施工配合、项目管理、学术交流四个方面共十项具体实践内容，并要求申请考试人员在一名注册建筑师指导下完成。

理论和实践是相辅相成的关系，大学的建筑教育是基础理论与专业理论教育，但必须

要给学生一定的时间使其把理论知识应用到实践中去，把所学和实践结合起来，提高自身的业务能力和专业水平。

大学专业教育是作为专门人才的必备条件，在国外也是如此。发达国家对一个建筑师的要求是：没有经过专门的建筑学教育是不能称之为建筑师的，而且不能进入该领域从事与其相关的职业。企业招聘人才也首先要看他们是否具备扎实的基本知识和专业本领，所以大学的本科建筑教育是必备条件。

三、注意发挥在职教育对注册建筑师培养的补充作用

在职教育在我国有两个含义：一种是后补充学历教育，即本不具备专业学历，但工作后经过在职教育通过社会自学考试，取得从事现职业岗位要求的相应学历；还有一种是继续教育，即原来学的本专业和其他专业学历，随着科技发展和自身业务领域的拓宽，原有的知识结构已不适应了，于是通过在职教育去补充相关知识。由于我国建筑教育在过去一段时期底子薄，培养数量与社会需求差距很大。改革开放以后为了满足快速发展的建筑市场需求，一批没有经过规范的建筑教育的人员进入了建筑师队伍。而要解决好这一历史问题，提高建筑师队伍整体职业素质，在职教育有着重要的补充作用。

继续教育是在职教育的一种行之有效的教育形式，它特指具有专业学历背景的在职人员从业后，因社会的发展使得原有知识需要更新，要通过参加新知识、新技术的学习以调整原有知识结构、拓宽知识范围。它在性质上与在职培训相同，但又不能完全画等号。继续教育是有计划性、目标性、提高性的，从整体人才队伍和个人知识总体结构上作调整和补充。当前，社会在职教育在制度上和措施上还不够完善，质量很难保证。有一些人把在职读学历作为"镀金"，把继续教育当作"过关"。虽然最后证明拿到了，但实际的本领和水平并没有相应提高。为此需要我们做两方面的工作，一是要让我们的建筑师充分认识到在职教育是我们执业发展的第一需求；二是我们的教育培训机构要完善制度、改进措施、提高质量，使参加培训的人员有所收获。

四、为建筑师创造一个良好的职业环境

要向社会提供高水平、高质量的设计产品，关键还是要靠注册建筑师的自身素质，但也不可忽视社会环境的影响。大众审美的提高可以让建筑师感受到社会的关注，增强自省意识，努力创造出一个经受得住大众评价的作品。但目前实际上建筑师的很多设计思想受开发商与业主方面很大的影响，有时建筑水平并不完全取决于建筑师，而是取决于开发商与业主的喜好。有的业主审美水平不高，很多想法往往只是自己的意愿，这就很难做出与社会文化、科技、时代融合的建筑产品。要改善这种状态，首先要努力创造尊重知识、尊重人才的社会环境。建筑师要维护自己的职业权利，大众要尊重建筑师的创作成果，业主不要把个人喜好强加于建筑师。同时建筑师自身也要提高自己的素质和修养，增强社会责任感，建立良好的社会信誉。要让创造出的作品得到大众的尊重，首先自己要尊重自己的劳动成果。

五、认清差距，提高自身能力，迎接挑战

目前中国的建筑师与国际水平还存在着一定差距，而面对信息化时代，如何缩小差距

以适应时代变革和技术进步，及时调整并制定新的对策，成为建筑教育需要探讨解决的问题。

我们现在的建筑教育不同程度地存在重艺术、轻技术的倾向。在注册建筑师资格考试中明显感觉到建筑师们在相关的技术知识包括结构、设备、材料方面的把握上有所欠缺，这与教育有一定的关系。学校往往比较注重表现能力方面的培养，而技术方面的教育则相对不足。尽管这些年有的学校进行了一些课程调整，加强了技术方面的教育，但从整体来看，现在的建筑师在知识结构上还是存在缺欠。

建筑是时代发展的历史见证，它凝固了一个时期科技、文化发展的印记，建筑师如果不能与时代发展相适应，努力学习和掌握当代社会发展的科学技术与人文知识，提高建筑的科技、文化内涵，就很难创造出高水平的作品。

当前，我们的建筑教育可以利用互联网加强与国外信息的交流，了解和掌握国外在建筑方面的新思路、新理念、新技术。这里想强调的是，我们的建筑教育还是应该注重与社会发展相适应。当今，社会进步速度很快，建筑所蕴含的深厚文化底蕴也在不断地丰富、发展。现代建筑创作不能单一强调传统文化，要充分运用现代科技发展成果，使建筑在经济、安全、健康、适用和美观方面得到全面体现。在人才培养上也要与时俱进。加强建筑师科技能力的培养，让他们学会适应和运用新技术、新材料去进行建筑创作。

一个好的建筑要实现它的内在和外表的统一，必须要做到：建筑的表现、材料的选用、结构的布置以及设备的安装融为一体。但这些在很多建筑中还做不到，这说明我们一些建筑师在对新结构、新设备、新材料的掌握和运用上能力不够，还需要加大学习的力度。只有充分掌握新的结构技术、设备技术和新材料的性能，建筑师才能够更好地发挥创造水平，把技术与艺术很好地融合起来。

中国加入WTO以后面临国外建筑师的大量进入，这对中国建筑设计市场有很大的冲击，我们不能期望通过政府设立各种约束限制国外建筑师的进入而自保，关键是要使国内建筑师自身具备与国外建筑师竞争的能力，充分迎接挑战、参与竞争，通过实践提高我们的设计水平，为社会提供更好的建筑作品。

前　言

一、本套书出版历程介绍

1994年9月，建设部、人事部下发了《建设部、人事部关于建立注册建筑师制度及有关工作的通知》（建设〔1994〕第598号），决定实行注册建筑师制度，并于1995年组织了第一次全国一级注册建筑师资格考试。北京市规划委员会委托曹纬浚主持整个北京市建筑设计行业考生的培训。参加考试培训的老师均来自北京市各大设计院和高校，都是在各自的专业领域具有较深造诣的专家。培训班受到广大考生的欢迎，当时除北京市以外，有29个省、自治区、直辖市的考生慕名来京参加考前培训。

自2000年起，本套书的主编、作者与中国建筑工业出版社正式合作。主编曹纬浚组织各科目的授课老师将教案整理成书，"一、二级注册建筑师考试教材"和相关教辅配套出版。本套丛书的编写紧扣考试大纲，正确阐述规范、标准的条文内容，并尽量包含高频试题、典型试题的考点。根据每年新修订、颁布的法律法规、标准规范和当年试题的命题情况进行修订更新，并悉心听取广大考生、学员的建议。自一、二级教材第一版正式出版以来，除2015、2016停考的两年外，每年都修订再版，是目前图书市场上出版最早、流传较广、内容严谨、口碑销量俱佳的一套注册建筑师考试用书。

二十余年来，本套丛书已经帮助几万名考生通过考试，并获得了一、二级注册建筑师执业资格。住房和城乡建设部执业资格注册中心原主任赵春山，盛赞本套书为我国注册建筑师制度的实行作出了贡献，还亲自为本套书撰写了序言。

二、套书架构与使用说明

2021年底、2022年初，住房和城乡建设部与人力资源和社会保障部先后发布了全国一、二级注册建筑师资格考试新大纲。一级注册建筑师资格考试2023年过渡，2024年正式执行新大纲；二级注册建筑师资格考试2023年正式执行新大纲。新大纲将一级注册建筑师考试科目由原来的9门改为6门，对二级注册建筑师的4门考试科目进行了调整。

为迎接全新的注册建筑师考试，基于新大纲的变化，整套书包含了"一级注册建筑师资格考试教材"（6本）、"二级注册建筑师资格考试教材"（4本），以及"二级注册建筑师资格考试考前冲刺"（3本）。

读者可以利用"注册建筑师资格考试教材"掌握各科、各板块的知识点，且在各科教材上，编写者均对重点复习内容予以标注，以便考生更好地抓住重点。除了要掌握相应的规范、标准外，教材还按板块归纳总结了历年真题，学习与做题互动，有助于考生巩固知识点，加深理解和记忆。

中国建筑工业出版社为更好地满足考生需求，除了出版纸质教材外，还配套准备了一、二级注册建筑师资格考试数字资源，包括导学课程、考试大纲、科目重难点手册、备考指导。考生可以选择适宜的方式进行复习。

值得一提的是，"二级注册建筑师资格考试考前冲刺"是为应对二级注册建筑师资格考试，全新策划的 3 本书，旨在帮助考生从总体上建立注册建筑师所需掌握的知识体系，并通过结构化的考点与历年真题对应解析，帮助考生达到速记考点的目的。

三、本书（本版）修订说明

2022 年 2 月发布了二级注册建筑师执业资格考试新的考试大纲，新大纲对科目的要求变化不大，2022 年 5 月份的真题也仅作了部分微调，增加了几个填空题，考核对相关建筑类型规范条文的把握，因而历年真题仍具有重要的参考价值。

本次的修编内容包括：

1. 增加了 2022 年 12 月补考的真题及其解析部分。
2. 增加了 2023 年的真题及其解析部分。
3. 对原有内容错误之处作了局部修正与优化。

四、编写分工

"二级注册建筑师资格考试教材"的作者：

第 1 分册：魏鹏。

第 2 分册：第一章晁军，第二章荣玥芳，第三章刘捷，第四章姜忆南，第五章侯云芬，第六章陈岚。

第 3 分册：第一章钱民刚，第二、三章冯东，第四、五章叶飞，第六章杜晓辉，第七章刘博，第八章李英，第九章许萍，第十章贾昭凯、贾岩，第十一章冯玲。

第 4 分册：第一章陈向东，第二章穆静波，第三章孙伟。

除上述作者外，多年来曾参与或协助本套书编写、修订的人员有：张思浩、翁如璧、耿长孚、王其明、姜中光、何力、任朝钧、曾俊、林焕枢、张文革、李德富、吕鉴、朋改非、杨金铎、周慧珍、刘宝生、李魁元、尹桔、张英、陶维华、郝昱、赵欣然、霍新民、何玉章、颜志敏、曹一兰、徐华萍、周庄、陈庆年、王志刚、张炳珍、何承奎、孙国樑、李广秋、栾彩虹、翟平、黄莉、汪琪美。

在此预祝各位考生取得好成绩，考试顺利过关！

全国注册建筑师资格考试教材编委会
2023 年 9 月

微信服务号
微信号：JZGHZX

注：本套丛书为一、二级注册建筑师的考生分别建立了交流服务群，用于交流并收集考生在看书过程中发现的问题，以对本丛书进行迭代优化，并及时发布考试动态、共享行业最新资讯；欢迎大家扫码加群，相互交流与促进！

配套增值服务说明

中国建筑工业出版社为更好地服务于考生、满足考生需求，除了出版纸质教材书籍外，还同步配套准备了注册建筑师考试增值服务内容。考生可以选择适宜的方式进行复习。

兑换增值服务将会获得什么？

```
建标知网会员权限                    注册建筑师资格考试
  (6个月)                           知识服务产品
    ↓                                  ↓
┌ ─ ─ ─ ─ ─ ─ ─ ─ ─ ┐          ┌ ─ ─ ─ ─ ─ ─ ─ ─ ─ ─ ─ ┐
│ 工程建设标准在线阅读 │          │     免费刷真题         │
│                   │          │                       │
│ 标准资料免费下载    │  全国注册建筑师资格考试丛书 │ 考试大纲             │
│                   │   增值服务兑换内容           │                       │
│ 标准版本对比       │          │ 科目重难点及学习规划手册 │
│                   │          │                       │
│ 常见问题答疑库     │          │     备考指导           │
└ ─ ─ ─ ─ ─ ─ ─ ─ ─ ┘          └ ─ ─ ─ ─ ─ ─ ─ ─ ─ ─ ─ ┘
```

如何兑换增值服务？

扫描封面二维码，刮开涂层，输入兑换码，即可享有上述免费增值服务内容。

兑换码：××××××× ⇒ 刮开涂层输入兑换码
　　　　　　　　　⇒ 扫描封面二维码

注：增值服务自激活成功之日起生效，如果无法兑换或兑换后无法使用，请及时与我社联系。

客服电话：4008-188-688（周一至周五 9:00~17:00）。

目　　录

序 ……………………………………………………………… 赵春山
前言
配套增值服务说明

第一篇　场地设计（作图题）

第一章　注册考试视角下的场地设计 …………………………………… 3
　　第一节　从成果要求看考核目标：总图 ………………………………… 3
　　第二节　从试题条件看信息描述：文字说明、图示、场地总图 ……… 4
　　　一、文字说明 ……………………………………………………………… 5
　　　二、图示 …………………………………………………………………… 7
　　　三、场地总图 ……………………………………………………………… 7
　　第三节　从条件转化看解题过程：信息整合 …………………………… 8
　　第四节　从评分标准看考核重点 ………………………………………… 9

第二章　解题步骤 ……………………………………………………………… 11
　　第一节　线性解题步骤 …………………………………………………… 11
　　第二节　2018年真题解析 ………………………………………………… 12
　　　一、题目：某文化中心总平面布置（2018年）………………………… 12
　　　二、真题解析 …………………………………………………………… 13

第三章　真题解析 ……………………………………………………………… 16
　　第一节　超市停车场设计（2003年）……………………………………… 16
　　　一、题目 ………………………………………………………………… 16
　　　二、解析 ………………………………………………………………… 17
　　第二节　某科技工业园场地设计（2004年）……………………………… 18
　　　一、题目 ………………………………………………………………… 18
　　　二、解析 ………………………………………………………………… 20
　　第三节　某餐馆总平面设计（2005年）…………………………………… 22
　　　一、题目 ………………………………………………………………… 22
　　　二、解析 ………………………………………………………………… 23
　　第四节　某山地观景平台及道路设计（2006年）………………………… 25
　　　一、题目 ………………………………………………………………… 25
　　　二、解析 ………………………………………………………………… 26
　　　三、评分标准 …………………………………………………………… 27
　　第五节　幼儿园总平面设计（2007年）…………………………………… 28
　　　一、题目 ………………………………………………………………… 28

  二、解析 ………………………………………………………………………… 30
 第六节 拟建实验楼可建范围（2008年） ……………………………………… 31
  一、题目 ………………………………………………………………………… 31
  二、解析 ………………………………………………………………………… 32
 第七节 某商业用地场地分析（2009年） ……………………………………… 34
  一、题目 ………………………………………………………………………… 34
  二、解析 ………………………………………………………………………… 35
 第八节 人工土台设计（2010年） ………………………………………………… 36
  一、题目 ………………………………………………………………………… 36
  二、解析 ………………………………………………………………………… 37
 第九节 山地场地分析（2011年） ………………………………………………… 38
  一、题目 ………………………………………………………………………… 38
  二、解析 ………………………………………………………………………… 38
  三、评分标准 …………………………………………………………………… 40
 第十节 某酒店总平面设计（2012年） …………………………………………… 40
  一、题目 ………………………………………………………………………… 40
  二、解析 ………………………………………………………………………… 41
  三、评分标准 …………………………………………………………………… 44
 第十一节 综合楼、住宅楼场地布置（2013年） ……………………………… 44
  一、题目 ………………………………………………………………………… 44
  二、解析 ………………………………………………………………………… 47
  三、评分标准 …………………………………………………………………… 51
 第十二节 某球场地形设计（2014年） …………………………………………… 51
  一、题目 ………………………………………………………………………… 51
  二、解析 ………………………………………………………………………… 53
  三、评分标准 …………………………………………………………………… 55
 第十三节 某工厂生活区场地布置（2017年） ……………………………………… 55
  一、题目 ………………………………………………………………………… 55
  二、解析 ………………………………………………………………………… 57
  三、评分标准 …………………………………………………………………… 61
 第十四节 拟建多层住宅最大可建范围（2019年） ………………………………… 61
  一、题目 ………………………………………………………………………… 61
  二、解析 ………………………………………………………………………… 62
  三、评分标准 …………………………………………………………………… 64
 第十五节 停车场设计（2020年） ………………………………………………… 64
  一、题目 ………………………………………………………………………… 64
  二、解析 ………………………………………………………………………… 66
 第十六节 场地平整设计（2021年） ……………………………………………… 67
  一、题目 ………………………………………………………………………… 67

二、解析 ··· 69
第十七节　园区建筑布置及设计（2022年）······························ 70
　　一、题目 ··· 70
　　二、解析 ··· 73
第十八节　某多层宾馆场地改造设计（2022年冬）························ 75
　　一、题目 ··· 75
　　二、解析 ··· 77
第十九节　历史街区更新规划设计（2023年）···························· 79
　　一、题目 ··· 79
　　二、解析 ··· 81

第二篇　建筑方案设计（作图题）

第四章　注册考试视角下的建筑方案设计 ·································· 85
　第一节　从成果要求看考核目标：平面的空间组合 ···················· 85
　第二节　从试题条件看信息描述：文字说明、面积表、气泡图、
　　　　　场地总图 ··· 88
　　　一、试题信息的完备性 ··· 90
　　　二、试题信息再分类 ··· 90
　第三节　从条件转化看解题过程：信息整合 ·························· 90
　第四节　从评分标准看考核重点：分区、流线、面积、规范图面 ··· 92

第五章　解题步骤 ··· 95
　第一节　题目的线性解题步骤 ·· 95
　　　一、读题与信息分类 ··· 95
　　　二、场地分析与气泡图深化 ···································· 95
　　　三、环境对接及场地草图 ······································ 95
　　　四、量化与细化 ·· 96
　　　五、表达阶段 ··· 96
　第二节　2018年真题婚庆餐厅设计解析 ······························ 96
　　　一、题目：旧建筑改扩建——婚庆餐厅设计 ················· 96
　　　二、解析 ·· 99

第六章　真题及模拟题解析 ·· 108
　第一节　老年公寓（2003年） ······································ 108
　　　一、题目 ·· 108
　　　二、解析 ·· 110
　第二节　校园食堂（2004年） ······································ 116
　　　一、题目 ·· 116
　　　二、解析 ·· 118
　第三节　汽车专卖店（2005年） ···································· 124
　　　一、题目 ·· 124

二、解析 ··· 126
　　三、评分标准 ··· 132
第四节　陶瓷博物馆（2006年） ··· 132
　　一、题目 ··· 132
　　二、解析 ··· 135
　　三、评分标准 ··· 139
第五节　图书馆（2007年） ··· 141
　　一、题目 ··· 141
　　二、解析 ··· 142
第六节　艺术家俱乐部（2008年） ··· 148
　　一、题目 ··· 148
　　二、解析 ··· 150
　　三、评分标准 ··· 156
第七节　基层法院（2009年） ··· 157
　　一、题目 ··· 157
　　二、解析 ··· 160
第八节　帆船俱乐部（2010年） ··· 164
　　一、题目 ··· 164
　　二、解析 ··· 166
第九节　餐馆（2011年） ··· 172
　　一、题目 ··· 172
　　二、解析 ··· 175
　　三、评分标准 ··· 181
第十节　单层工业厂房改建社区休闲中心（2012年） ······························ 182
　　一、题目 ··· 182
　　二、解析 ··· 185
　　三、评分标准 ··· 190
第十一节　幼儿园（2013年） ··· 191
　　一、题目 ··· 191
　　二、解析 ··· 194
　　三、评分标准 ··· 201
第十二节　消防站（2014年） ··· 202
　　一、题目 ··· 202
　　二、解析 ··· 205
第十三节　社区服务综合楼（2017年） ·· 211
　　一、题目 ··· 211
　　二、解析 ··· 213
　　三、评分标准 ··· 220
第十四节　某社区文体活动中心（2019年） ··· 221

一、题目 ·· 221
　　二、解析 ·· 224
　　三、评分标准 ······································ 229
第十五节　游客中心设计（2020年） ························ 230
　　一、题目 ·· 230
　　二、解析 ·· 233
第十六节　古镇文化中心设计（2021年） ···················· 237
　　一、题目 ·· 237
　　二、解析 ·· 241
第十七节　社区老年养护院设计（2022年） ·················· 246
　　一、题目 ·· 246
　　二、解析 ·· 249
第十八节　成人救助中心（2022年冬） ······················ 254
　　一、题目 ·· 254
　　二、解析 ·· 257
第十九节　湿地公园服务中心（2023年） ···················· 261
　　一、题目 ·· 261
　　二、解析 ·· 264
第二十节　模拟题练习 ···································· 269
　　一、关于练习 ······································ 269
　　二、模拟题 ·· 270
　　三、参考答案 ······································ 276

15

第一篇　场地设计（作图题）

第一章 注册考试视角下的场地设计

二级注册建筑师场地设计的考试大纲（2022版）叙述如下："了解建筑基地的区位、生态、人文等环境关系；理解城市设计、城市规划等要求；掌握一般建设用地的场地分析、交通组织、功能布局、空间组合、竖向设计、景观环境等方面的设计能力。能按设计条件完成一般场地工程的设计，并符合有关法规、规范等要求。"

从大纲中可以了解到，场地设计考试的考核目标有两个。首先是场地分析能力，具体来说就是了解场地的大小、形状、日照及地形条件；周边道路、既有建筑及景观资源状况；规划的退线、限高等要求；是对场地设计操作环境的整体把握。其次是根据场地分析的结果进行场地设计的能力，这是对场地操作对象组合方式的确定，包括建筑布局、交通组织、停车位安排、竖向标高调整及绿化布置等。实际上对场地设计能力的考核方式可以从历年真题的成果要求、试题条件、设计的逻辑推导过程及评分标准中看出更多线索。

第一节 从成果要求看考核目标：总图

从考试大纲中可以看到场地设计的考核内容是多样的，回顾从2003年以来的考试真题（表1-1-1），每年的题型也是变化的。

场地设计历年真题一览表　　　　　　　　表1-1-1

年份	考核内容	考核点
2003	超市停车场设计	停车场布置
2004	某科技工业园场地设计	总平面布置
2005	某餐馆总平面设计	停车场布置与交通组织
2006	山地观景平台及道路设计	坡地场地布置
2007	幼儿园总平面设计	依据场地日照条件设计平面组合图
2008	拟建实验楼可建范围	确定可建范围
2009	某商业用地场地分析	确定可建范围
2010	人工土台设计	坡地竖向设计
2011	山地场地分析	确定可建范围
2012	某酒店总平面设计	交通组织
2013	综合楼、住宅楼场地布置	总平面布置
2014	某球场地形设计	坡地场地布置
2017	某工厂生活区场地布置	总平面布置
2018	某文化中心总平面布置	总平面布置
2019	某用地场地分析	确定可建范围

续表

年份	考核内容	考核点
2020	停车场设计	停车场布置
2021	场地平整设计	场地竖向设计
2022	园区建筑布置及设计	总平面布置
2022年冬	某多层宾馆场地改造设计	交通组织
2023	历史街区更新规划设计	规划与选址

如何从纷乱的题型中理出头绪？仔细观察历年真题的考核点可以看出，依据场地设计操作方式可以将题型分为单项操作题型及综合操作题型。单项操作题型包括确定可建范围、场地地形处理、交通系统组织、停车场布置；综合操作题型即总平面布置。无论题型是什么，最终的成果要求就是一张总图。2018年场地设计真题答案如下，它包括了场地设计所涵盖的大部分内容（图1-1-1）。

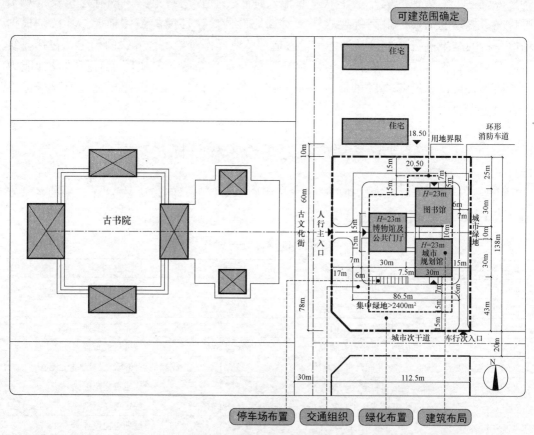

图 1-1-1　2018年场地设计真题答案所涉及的场地设计内容

第二节　从试题条件看信息描述：文字说明、图示、场地总图

本质上，所有考试的解题过程都是从题目条件到答案的推理过程，场地作图也不例外。看清题目是解题的首要条件。以2018年的场地设计真题为例，从试卷中可以看到试题条件包括三部分：文字说明、图示及场地总图（图1-2-1）。

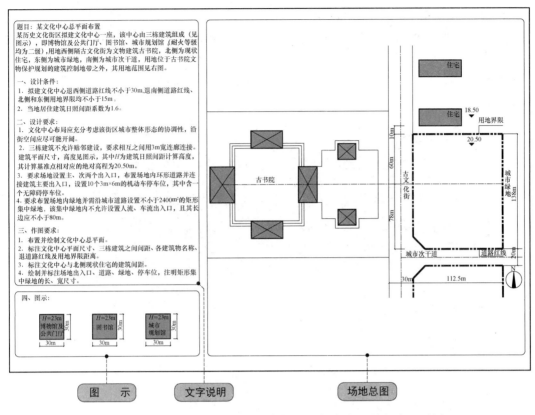

图 1-2-1 2018年场地设计的题目条件：文字说明、图例、场地总图

一、文字说明

包含设计条件、设计要求及作图要求等信息，将文字类的信息按部就班、无遗漏地综合到总图中正是此类作图考试的考核目标，首先要做的就是从解题的角度将题目条件信息进行再分类。

（一）总体信息

说明题目类型，包括可建范围的确定、停车场的布置以及总平面设计等，通常用于总体控制。

（二）建筑信息与场地信息

建筑信息即场地内要布置的建筑，通常会有图示进行补充说明；场地信息即地内要布置的广场、停车场、集中绿地等。此两类信息均为场地设计的操作对象。

（三）用地信息

介绍用地的周边环境、规划退线要求、当地的日照间距系数及周边建筑的耐火等级。场地分析要将用地信息结合到场地总图中，用以确定建筑的可建范围及周边的环境资源状况，对下一步的建筑与场地定位起到指示性作用。

（四）细化信息

是一些描述建筑布局限制条件的信息，如建筑间要加连廊、某建筑靠广场布置等具体的细致信息。用于建筑、场地的精确定位与细化。

（五）表达信息

即文字说明中的作图要求，如标注间距尺寸、注明出入口等，这部分信息与评分标准中的许多扣分点是一一对应的，需要在表达阶段逐条实现。

2018年真题的文字部分（图1-2-2）中，各类信息非常明确，其实读题的核心就是进行信息分类。

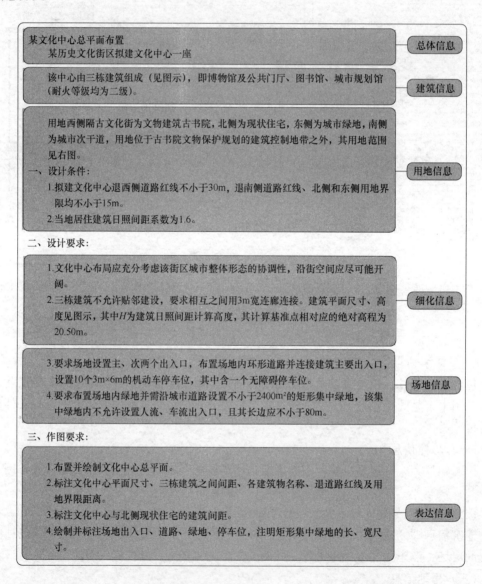

图1-2-2　2018年场地设计真题中文字说明的信息分类

二、图示

试题条件的图示部分通常为建筑信息的图解表达（图1-2-3），注明了建筑功能、高度、形状尺寸，有时会有部分场地信息的图示，如篮球场、羽毛球场、停车场或车位图示等。

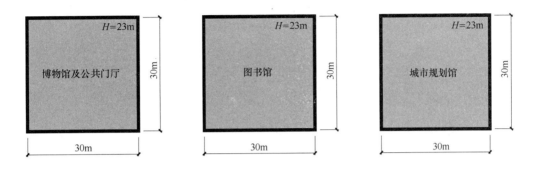

图1-2-3　2018年场地设计真题中的建筑图示

三、场地总图

场地总图是用地信息的图示表达（图1-2-4），列明了现有的场地要素。在2018年的场地总图中可以看到的场地要素包括：① 用地范围，一般由道路红线及用地界限围合而成；② 现有建筑，不同类型的建筑会给出不同的暗示；③ 道路，一般位于用地范围的一侧或两侧，暗示着用地的内外区域；④ 绿地、景观，有时是城市公园、水面等，用于对接有景观要求的建筑类型；⑤ 指北针。

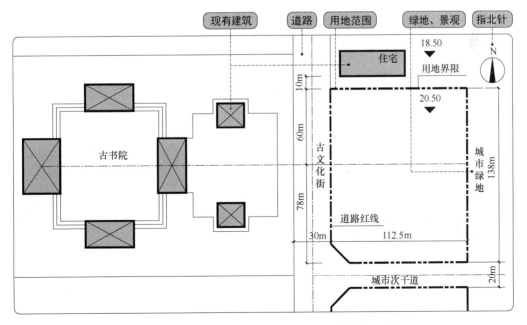

图1-2-4　2018年场地设计真题场地总图中的场地要素

查看其他年份的真题，还可以看到其他的场地要素（图1-2-5），如基础设施（通常是高压线、微波通道、地下人防通道等）、保留树木（限定建筑布局方式及可建范围）、地形地貌等。

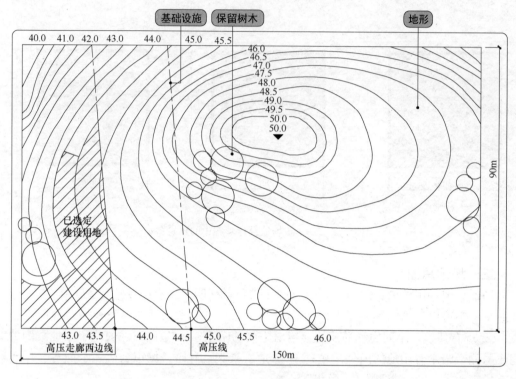

图1-2-5 2011年场地设计真题场地总图中的场地要素

第三节 从条件转化看解题过程：信息整合

任何解题过程都可以抽象为两点一线的模型（图1-3-1），条件和答案为两点，解题过程为一线，这一线的细致结构正是应试者所要掌握的最关键的内容。

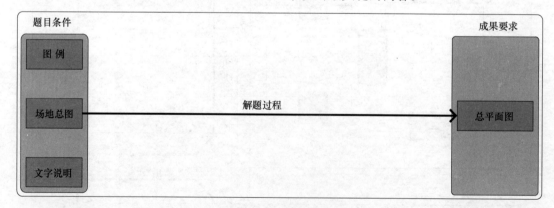

图1-3-1 场地设计解题过程的图解表达

如前所述，场地设计的题目条件包括：图例、场地总图及文字说明，通过将图例与文字说明的信息结合到场地总图中并恰当地表达出来，形成最终的答案——一张总平面图（图 1-3-2）。

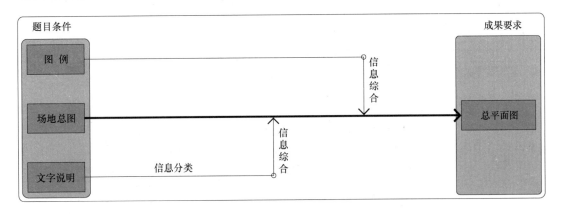

图 1-3-2 场地设计解题过程中的信息分类与综合

信息综合的过程并不复杂，依据前述对题目条件的信息分类方法来读题，并在对应的设计操作中综合信息，完整的解题步骤就拆解完毕（图 1-3-3），下一节将以 2018 年的考题为例，对这一操作流程进行完整演示。

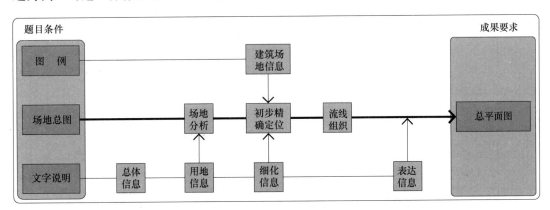

图 1-3-3 场地设计解题过程的流程图示

第四节 从评分标准看考核重点

以最新的 2018 年考题的评分标准为例（表 1-4-1），可以看到综合题型中占分值权重最大的还是建筑布局，场地设计考题的建筑布局具有唯一性，这可以说是考题最重要的考点。

可建范围的确定是最基本的，规划退线、日照防火间距也是不能错的，同时也要标注清楚。

场地出入口及场地内的交通、绿化也会占据一定的分值，布置方式相对来说比较简单，尽量做到不遗漏即可。剩下的就是表达的分值，依据题目条件中的表达信息进行建筑名称及相关尺寸的标注，题目中提到面积的场地也需要特别注明。

其实评分标准的扣分点与题目条件有很多重合之处，从某种意义上说它就是量化的设计要求。

2018年场地设计评分标准　　　　　表 1-4-1

序号	考核内容	扣分点	扣分值	分值
1		未画或无法判断	本题为 0 分	
	文化中心布局	（1）情形一：文化中心三栋建筑未朝西向对称布置	扣 30 分	40
		（2）情形二：文化中心三栋建筑未朝西向对称布置，但博物馆及公共门厅建筑轴线与古书院东西轴线重合	扣 20 分	
		（3）情形三：文化中心三栋建筑虽朝西向对称布置但未与古书院东西轴线重合	扣 15 分	
		（4）情形四：文化中心三栋建筑虽朝西向对称布置且与古书院东西轴线重合，但博物馆及公共门厅建筑未位于三栋建筑物中心位置	扣 10 分	
		（5）三栋建筑之间未通过连廊直接连接	每处扣 2 分	
		（6）博物馆及公共门厅、城市规划馆、图书馆三栋建筑之间间距小于 6m	每处扣 5 分	
	文化中心与周边关系	（1）建筑物与北侧住宅相对应部分南北向间距小于 40m	扣 20 分	20
		（2）建筑物退北侧用地界限小于 15m	扣 10 分	
		（3）建筑物退东侧用地界限小于 15m	扣 5 分	
		（4）建筑物退西侧道路红线小于 30m	扣 5 分	
		（5）建筑物退南侧道路红线小于 15m	扣 5 分	
	道路及绿化布置	（1）未画或无法判断	扣 25 分	25
		（2）场地主出入口未开向古文化街	扣 10 分	
		（3）场地主出入口中心线未与古书院东西轴线重合	扣 10 分	
		（4）场地次出入口未设置或设置不当	扣 2~5 分	
		（5）场地内未设置环形道路或环路未与建筑之间留出安全距离	扣 2~5 分	
		（6）环形道路未连接建筑出入口（三栋建筑均设出入口）或无法判断 [与本栏（5）条不重复扣分]	每处扣 1 分	
		（7）未布置 10 个停车位（含一个无障碍停车位）	少一个扣 1 分	
		（8）停车位未位于场地内、未与场地内环路连接或其他不合理 [与本栏（7）条不重复扣分]	扣 2 分	
		（9）未绘制矩形集中绿地	扣 15 分	
		（10）集中绿地长边沿古文化街设置，或长边未临城市道路 [与本栏（9）条不重复扣分]	扣 10 分	
		（11）集中绿地面积小于 2400m^2，或其长边小于 80m [与本栏（9）条不重复扣分]	扣 5 分	
	标注	（1）未标注三栋建筑物功能名称	每处扣 2 分	10
		（2）未标注三栋建筑物平面尺寸、间距、退距及集中绿地长边尺寸，或标注错误	每处扣 1 分	
		（3）未标注文化中心与北侧现状住宅对应部分与现状住宅南北向间距尺寸或标注错误	扣 5 分	
2	图面表达	图面粗糙，或主要线条徒手绘制	扣 2~5 分	5
第一题小计分		第一题得分：小计分×0.2＝		

第二章 解题步骤

如前所述，场地设计的题型分为单项题型和综合性题型，综合性题型的总平面布置包含了许多单项题型的内容，因此，本书在叙述具体的解题步骤时以综合型的总平面布置为例。其他单项题型设计操作相对简单，将在第三章真题解析部分依据具体的题目进行详细论述。

第一节 线性解题步骤

依据上节所推导的解题过程的流程图，经过适当整合可以将其分为线性的五步（图 2-1-1）。

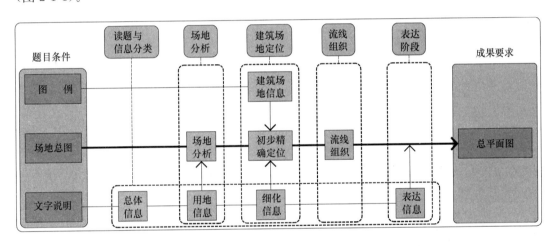

图 2-1-1 总平面布置的解题步骤

步骤一：读题与信息分类

读题并进行信息分类，将信息分解为总体、建筑、场地、用地、细化、表达共六类。

步骤二：场地分析

将用地信息与场地总图进行综合，确定场地的内外分区走向（内外轴）及朝向（南北轴），根据规划退线、日照间距系数及与周边建筑的防火间距来确定建筑的可建范围，确定场地出入口。

步骤三：建筑、场地定位

根据场地分析的结果将建筑在可建范围内进行初步布局，布置各类活动场地，复核环境关系，根据细化信息进行精确定位与深化。

步骤四：流线组织

确定基地内的车行流线，满足使用及消防要求，并在适当的位置布置停车场等。

步骤五：表达阶段

依据作图要求将总平面草图绘制成正式图。

至此，场地设计作图的解题流程确定下来；下面以 2018 年的真题某文化中心总平面布置为例，对上述步骤进行完整演示。

第二节　2018 年真题解析

一、题目：某文化中心总平面布置（2018 年）

某历史文化街区拟建文化中心一座，该中心由三栋建筑组成，即博物馆及公共门厅、图书馆、城市规划馆（耐火等级均为二级）。用地西侧隔古文化街为文物建筑古书院，北侧为现状住宅，东侧为城市绿地，南侧为城市次干道。用地位于古书院文物保护规划的建筑控制地带之外，其用地范围见图 2-2-1。

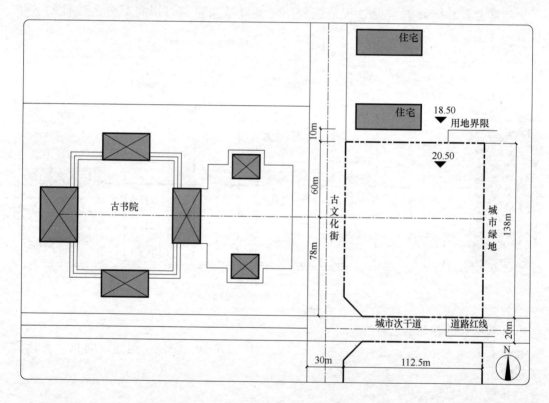

图 2-2-1　2018 年场地设计真题中的场地总图

（一）设计条件

（1）拟建文化中心退西侧道路红线不小于 30m，退南侧道路红线、北侧和东侧用地界限均不小于 15m。

（2）当地居住建筑日照间距系数为 1.6。

（二）设计要求

（1）文化中心布局应充分考虑该街区城市整体形态的协调性，沿街空间应尽可能开阔。

(2) 三栋建筑不允许贴邻建设，要求相互之间用3m宽连廊连接。建筑平面尺寸、高度见图示（图2-2-2），其中 H 为建筑日照间距计算高度，其计算基准点相对应的绝对高程为20.50m。

(3) 要求场地设置主、次两个出入口，布置场地内环形道路并连接建筑主要出入口，设置10个3m×6m的机动车停车位，其中含一个无障碍停车位。

(4) 要求布置场地内绿地并需沿城市道路设置不小于2400m²的矩形集中绿地，该集中绿地内不允许设置人流、车流出入口，且其长边应不小于80m。

(三) 作图要求

(1) 布置并绘制文化中心总平面。

(2) 标注文化中心平面尺寸、三栋建筑之间间距、各建筑物名称、退道路红线及用地界限距离。

(3) 标注文化中心与北侧现状住宅的建筑间距。

(4) 绘制并标注场地出入口、道路、绿地、停车位，注明矩形集中绿地的长、宽尺寸。

(四) 图示

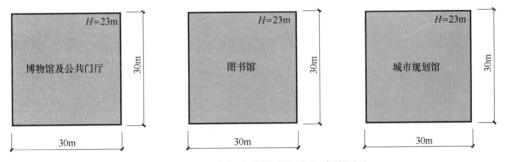

图 2-2-2　2018年场地设计真题中的建筑图示

二、真题解析

(一) 读题与信息分类

依据文字的顺序进行读题，首先看到的是总体信息：历史文化街区文化中心总平布置，可以想象它的布局必然受到历史建筑的强烈影响。

接下来是建筑信息，这部分可结合图示一起看，三栋同高、同大小的公建，从名称就可以看出来博物馆及公共门厅是主要的，因为它承担着公共门厅的作用；图书馆与城市规划馆相比较，更需要放在安静的区域。

用地信息写明了周边道路与环境，可结合场地总图一起看，下面是退线及日照信息。读到这里要进行场地分析，首先确定建筑可建范围，再依据环境确定内外轴及南北轴。由此可以看出这是一个边读边画、读与画一体的解题步骤。

下面是细化信息、场地信息及表达信息。显然场地信息要先看，并将其简略地标注在总图上以备忘。确定场地出入口后即可进行建筑布局及流线组织。

细化信息和表达信息可在相应的精确定位阶段与表达阶段详细阅读。

(二) 场地分析

本题最重要的秩序制约是古书院的中轴线，它强烈地影响了建筑布局。内外轴与南北轴可以理解为建筑组织的维度。内外轴的确定原则是：靠路的一侧为外（图2-2-3）。

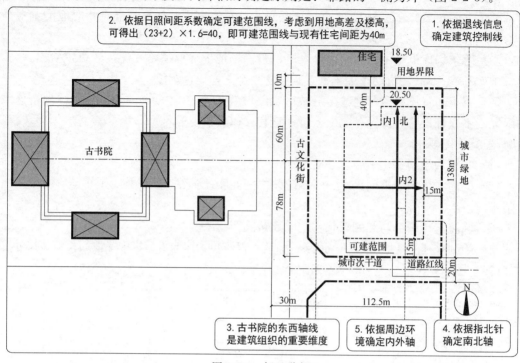

图2-2-3 场地分析

（三）建筑场地定位及流线组织

建筑的对称布局是此题的最关键点，其他的各项按题作答即可，详见图2-2-4。

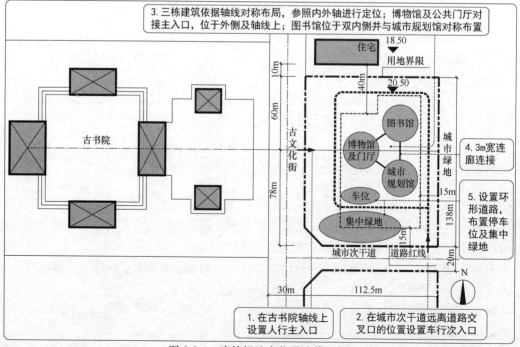

图2-2-4 建筑场地定位及流线组织

(四) 表达阶段

依据作图要求将总平面草图绘制成最后的正式图（图 2-2-5）。

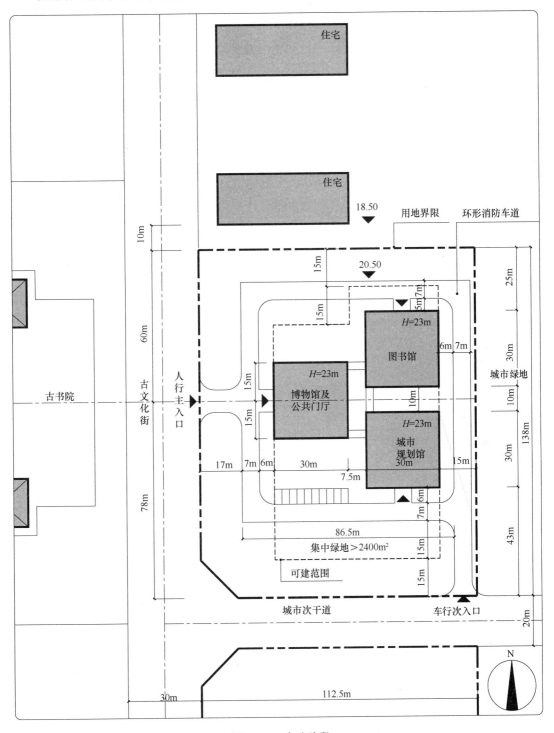

图 2-2-5 表达阶段

第三章 真题解析

第一节 超市停车场设计（2003年）

一、题目
（一）设计要求

某仓储式超市需在超市东侧基地内配套建一停车场（图3-1-1）。

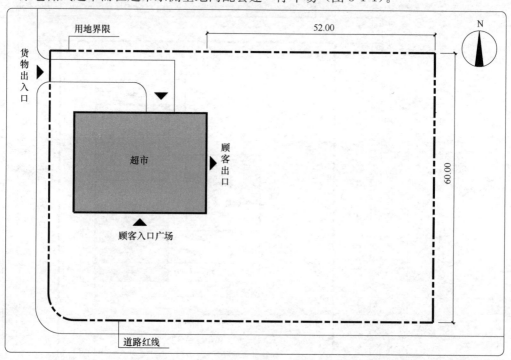

图3-1-1 场地总图

（1）要求布置不少于45辆小客车停车位和60辆自行车停车位。

（2）要求小客车和自行车均从南面道路出入，但两者应分别单独设置出入口。所有停车位距建筑物不应小于6m。入口广场内不应布置车位。

（3）小客车停车场与自行车停车场之间应有不小于4m宽的绿化带，所有停车场与用地界限、道路红线之间应有不小于2m宽的绿化带。

（4）小客车停车位尺寸3m×6m，自行车停车位尺寸1m×2m。

（二）作图要求

（1）绘图表示停车位、道路和绿化带，并注明尺寸。

(2) 注明小客车和自行车数量。
(3) 用虚线表示小客车的行车路线和行驶方向。

二、解析
（一）读题与信息分类（图 3-1-2）

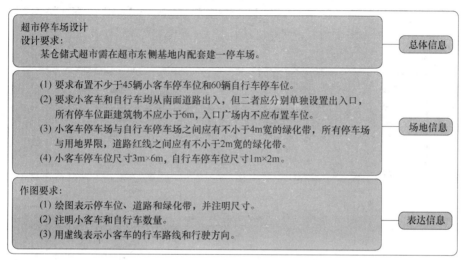

图 3-1-2　读题与信息分类

（二）场地定位及流线组织（图 3-1-3）

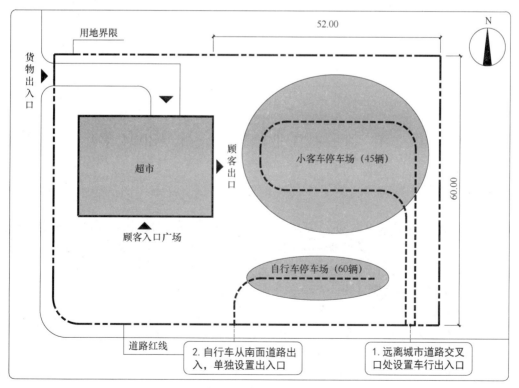

图 3-1-3　场地初步定位

(三) 表达阶段（图 3-1-4）

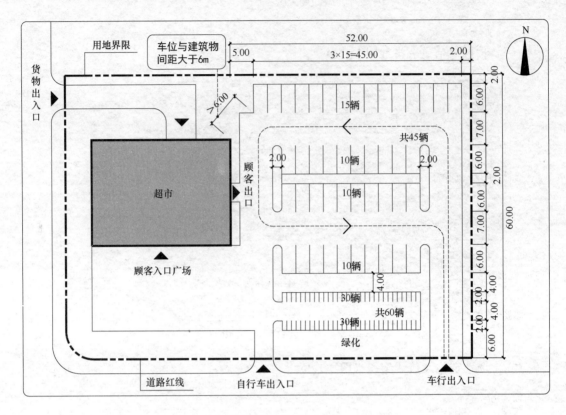

图 3-1-4　表达阶段

第二节　某科技工业园场地设计（2004年）

一、题目
(一) 设计任务

某科技工业园拟建设开发办公楼、厂房、设备用房各一幢。用地现状及用地范围如图 3-2-1 所示。拟建建筑物受场地现有道路、山地、池塘、高压走廊、微波通道等条件的限制，请按设计要求进行总平面设计。

(二) 设计内容与规模（图 3-2-2）

(1) 研发办公楼 55m×18m，6 层。
(2) 厂房 60m×30m，2 层。
(3) 设备用房 25m×25m，1 层。
(4) 货车停车场 50m×50m。
(5) 小汽车停车场不少于 10 个停车位。

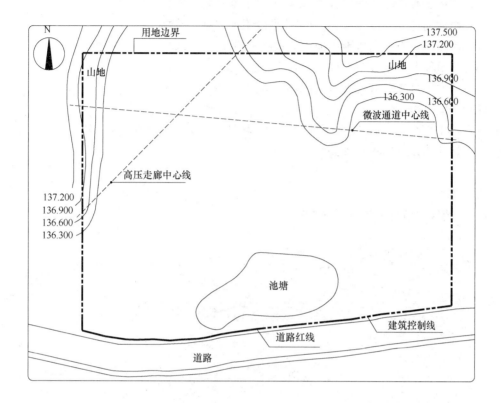

图 3-2-1 场地总图

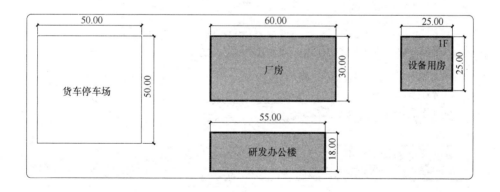

图 3-2-2 图示

(三) 设计要求

(1) 建筑退道路红线≥9m。
(2) 建筑退距池塘边线≥12m。
(3) 建筑之间的间距≥9m。

(4) 建筑退场地边线≥4m。
(5) 高压走廊中心线两侧各25m范围内不准规划建筑物。
(6) 微波通道中心线两侧各20m范围内不准规划建筑物。
(7) 停车场可设于高压走廊或微波通道范围内。
(8) 建筑物及停车场不允许规划在山地上。
(9) 研发办公楼前应设置入口广场。

(四) 任务要求
(1) 按1:500比例绘制总平面图，标注场地出入口，布置园区道路。
(2) 标注与设计要求有关的尺寸。

二、解析
(一) 读题与信息分类（图3-2-3）

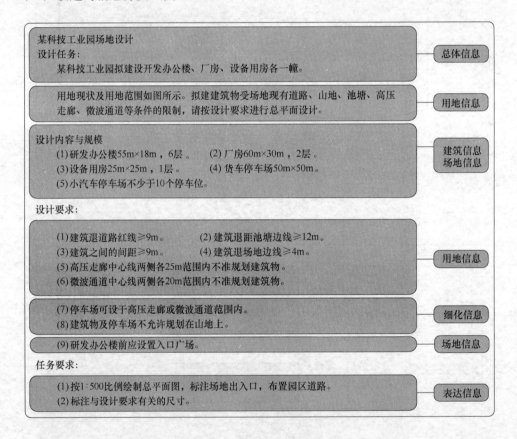

图3-2-3　读题与信息分类

（二）场地分析、建筑场地定位及流线组织（图 3-2-4）

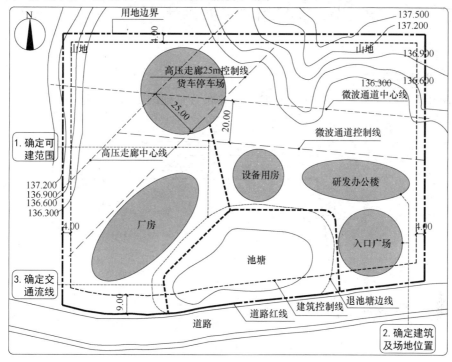

图 3-2-4 建筑场地定位及交通组织

（三）表达阶段（图 3-2-5）

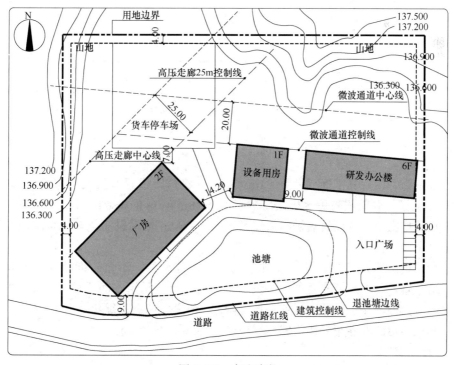

图 3-2-5 表达阶段

第三节 某餐馆总平面设计（2005年）

一、题目
（一）设计要求
在城郊某基地（图3-3-1）布置一餐馆，并布置基地的出入口、道路、停车场和后勤小货车卸货院。

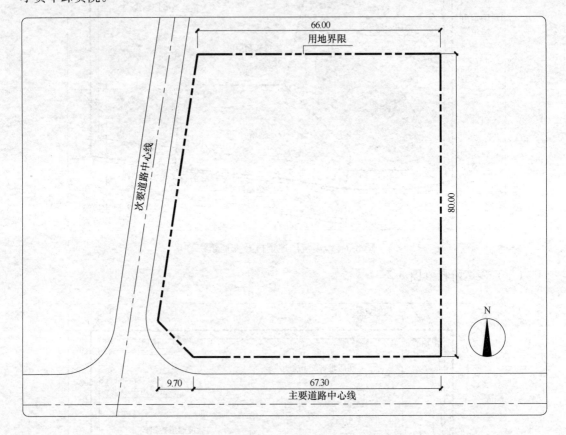

图3-3-1 场地总图

（1）餐馆为一层，其平面尺寸为24m×48m，建筑距道路红线及用地界线应不小于3m。建筑南向适当位置设置顾客出入口及不小于18m×8m的集散广场。

（2）在基地次要位置设置后勤出入口及不小于300m²的后勤小货车卸货院，并设置5个员工小汽车停车位。

（3）在餐馆南侧设置不少于45个顾客的小汽车停车位，不允许布置尽端式车道，停车位置成组布置，每组连续布置的停车位不得超过5个，每组之间或尽端要有不小于2m的绿化隔离带。停车场与道路红线或用地界限之间应设置3m的绿化隔离带。

（4）基地内道路及停车场距道路红线或基地界线不小于3m。
（二）作图要求
按照设计要求在总平面图中：

（1）要标出主入口、次入口、员工出入口、后勤小货车卸货院并标注名称。
（2）布置停车场，标明相关尺寸。
（3）绘出顾客停车场的车行路线。
（4）布置绿化隔离带。

（三）提示

有关示意图见图 3-3-2。

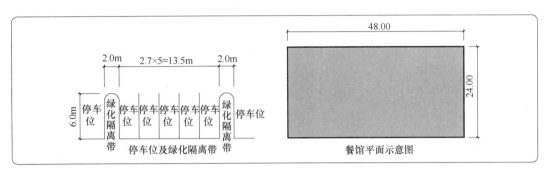

图 3-3-2　图示

二、解析
（一）读题与信息分类（图 3-3-3）

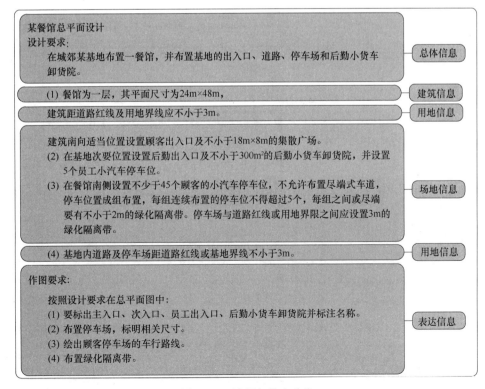

图 3-3-3　读题与信息分类

（二）场地分析、建筑场地定位及流线组织（图 3-3-4）

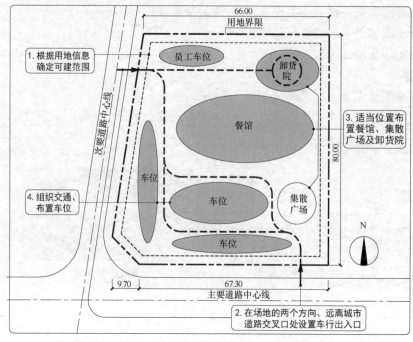

图 3-3-4　场地分析、建筑场地定位及流线组织

（三）表达阶段（图 3-3-5）

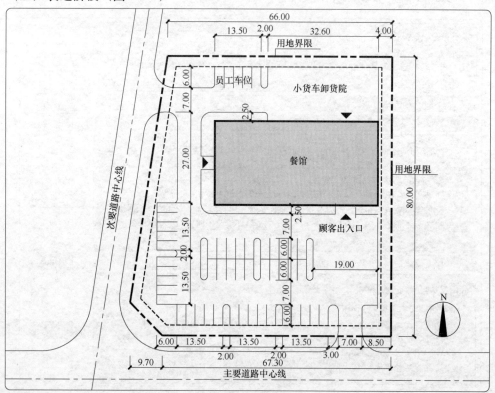

图 3-3-5　表达阶段

第四节 某山地观景平台及道路设计（2006年）

一、题目

(一) 任务描述

某旅游区临水山地地形见图 3-4-1，场地内有树高 12m 的高大乔木群、20m 高的宝塔、游船码头、登山石阶及石刻景点。

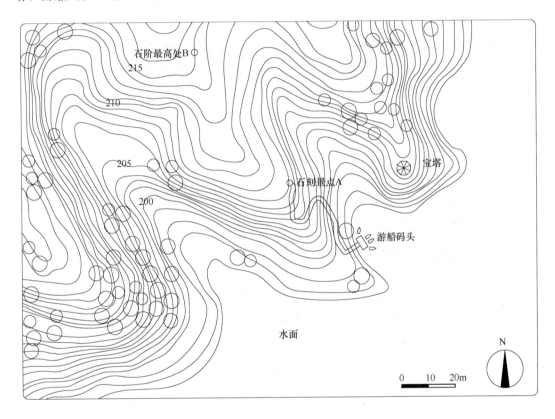

图 3-4-1 场地总图

(二) 设计要求

在现有地形条件下选址，修建 8m×8m 的正方形观景平台一处，并设计出由石刻景点 A 至石阶最高处 B 的登山路线。

(1) 观景平台选址要求：①海拔高程不低于 200m；②平台范围内地形高差不超过 1m，且应位于两条等高线之间；③平台中心点面向水面方向水平视角 90°范围内应无景物遮挡。

(2) 道路设计要求：①选择 A 与 B 间最近道路；②相邻等高线间的道路坡度要求为 1∶10。

(三) 作图要求

(1) 按比例用实线绘出 8m×8m 的观景平台位置。
(2) 用虚线绘出 90°水平视角的无遮挡范围。
(3) 用点画线绘出 A 至 B 点的道路中心线。

二、解析
(一) 读题与信息分类 (图 3-4-2)

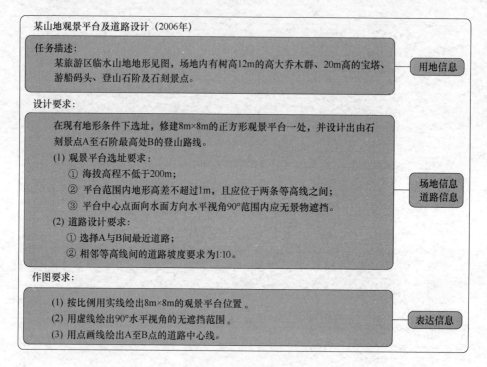

图 3-4-2　场地总图

(二) 场地分析与解答（图 3-4-3）

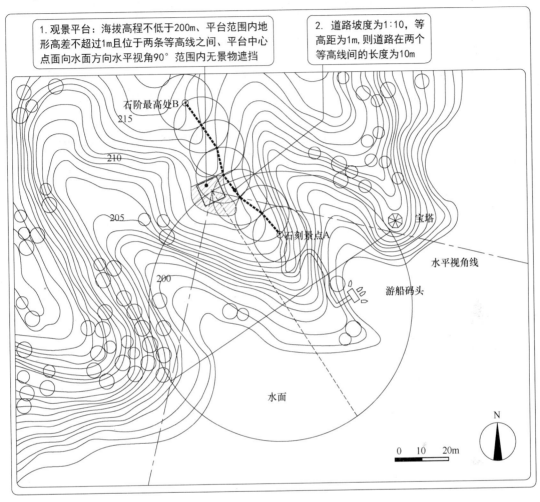

图 3-4-3 场地分析与解答

三、评分标准

评分标准详见表 3-4-1。

2006 年场地设计评分标准　　　　　表 3-4-1

序号	考核内容	扣分点	扣分值	分值
1	平台选址	(1) 选址概念错误，不在答案允许范围内	扣 70 分	70
		(2) 选址概念基本正确，局部超出答案允许范围	扣 5～10 分	
		(3) 平台不足 8m×8m	扣 5 分	
		(4) 水平视角未画或绘制不当	扣 15 分	
2	选路	(1) 道路坡度概念错误	扣 30 分	30
		(2) 道路坡度不是 1:10（共 6 段）	每段扣 5 分	
		(3) 道路与 A、B 点连接错误	扣 5 分	

第五节 幼儿园总平面设计（2007年）

一、题目
（一）设计条件

某住宅小区处气候夏热冬冷地区，属建筑气候ⅢB区。小区内有幼儿园预留场地，该场地周边建有多、高层住宅五栋。规划提供了周边住宅在该场地冬至日的日照图和建筑退让要求（图3-5-1），拟在该场地内设计一座单层三班幼儿园，其主入口应靠近小区主入口道路。

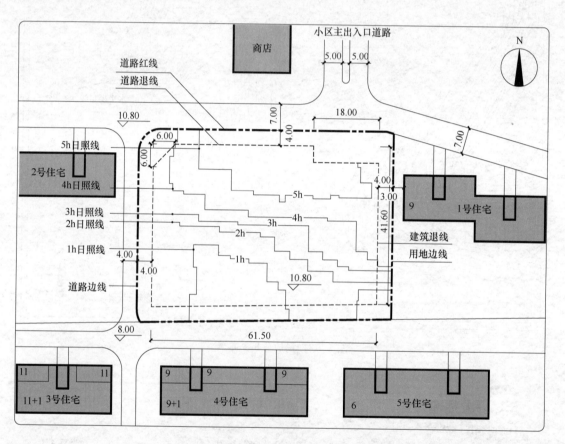

图3-5-1 场地总图

（二）作图要求

（1）在日照图上用细实线画出该幼儿园冬至日最低日照要求线。

（2）按提供的功能关系示意图和单元平面图，在限定范围内布置幼儿园的平面并标注主入口和后勤供应入口位置。

(三) 提示

(1) 幼儿园主要功能关系示意图 (图 3-5-2)。

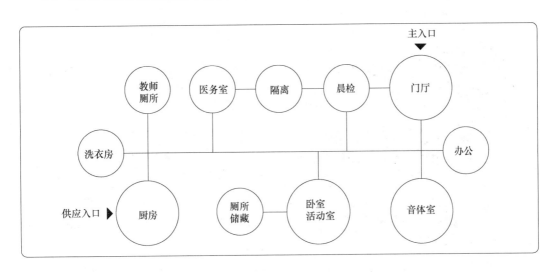

图 3-5-2 幼儿园功能关系图

(2) 幼儿园卧室活动室、音体室必须朝南布置，南向为落地窗，其他房间应有自然采光通风。

(3) 幼儿园平面用单线绘制，不必表示门窗洞口。幼儿园各功能单元平面图见图 3-5-3。

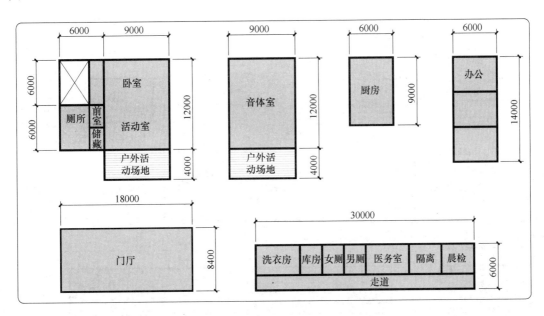

图 3-5-3 幼儿园各功能单元平面图

二、解析
（一）读题与信息分类（图 3-5-4）

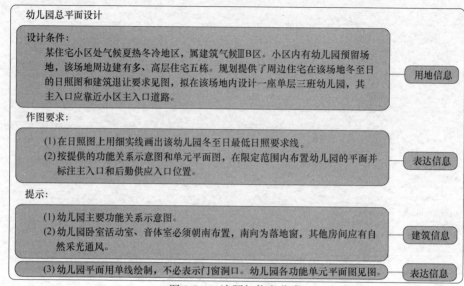

图 3-5-4 读题与信息分类

（二）场地分析与解答（图 3-5-5）

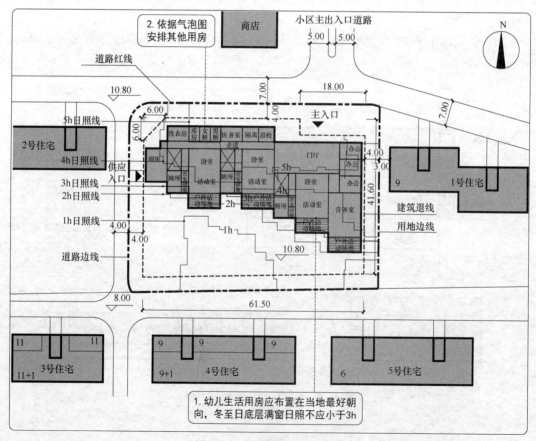

图 3-5-5 幼儿园平面组合图

依据《托儿所、幼儿园建筑设计规范》JGJ 39—2016 第 3.2.8 条：托儿所、幼儿园的幼儿生活用房应布置在当地最好朝向，冬至日底层满窗日照不应小于 3h。其中幼儿生活用房指供幼儿班级活动及公共活动的空间。据此确定了活动室及音体室依据 3h 日照线进行布置的原则，平面的其他部分依据气泡图的功能关系布置即可。

第六节　拟建实验楼可建范围（2008 年）

一、题目

（一）设计条件

某科技园位于一坡地上，基地范围内原有办公楼和科研楼各一幢，见图 3-6-1。当地日照间距系数为 1∶1.5（窗台、女儿墙高度忽略不计）。

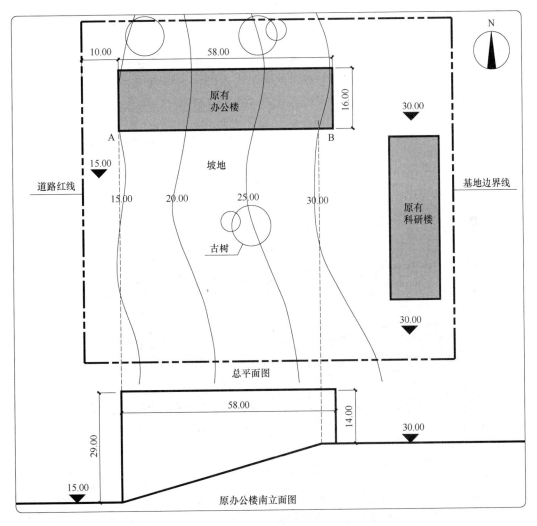

图 3-6-1　场地总图

(二) 设计要求

在基地范围内拟建一幢平屋面实验楼，其楼面标高与原有办公楼相同，要求不对原有办公楼形成日影遮挡。拟建实验楼可建范围应符合下列要求：

(1) 退西向道路红线 10m。
(2) 退南向基地边界线 4m。
(3) 东向距原有科研楼 15m。
(4) 距现有古树树冠 3m。

(三) 作图要求

用粗虚线绘出拟建实验楼的可建范围，标注该用地范围北侧边界线西端点至 A 点、东端点至 B 点的距离。

二、解析

本题所要考核的重点是日照间距的独特性，包括其类型性及方向性。日照间距类型性即有日照要求的建筑才考虑其他建筑对它的影响，如住宅、幼儿园等。日照间距方向性指的是日照影响范围位于建筑的正北侧。

防火间距与建筑的耐火极限有关，无方向性，只是转角处需倒圆角。

应试者要重点掌握各类间距的特性。

(一) 读题与信息分类（图 3-6-2）

本题题型为确定建筑可建范围，本质是这类题目相当于图形减法。用公式来表达就是：可建范围＝用地范围－退线范围－日照间距影响范围－防火间距范围－其他间距范围。

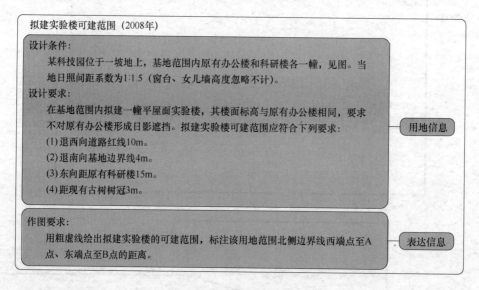

图 3-6-2 读题与信息分类

这道题涉及的间距包括退线间距：退西向道路红线 10m，退南向基地边界线 4m；建筑间距：东向距原有科研楼 15m；日照间距：当地日照间距系数为 1：1.5；其他间距：距现有古树树冠 3m。

（二）场地分析与解答（图 3-6-3）

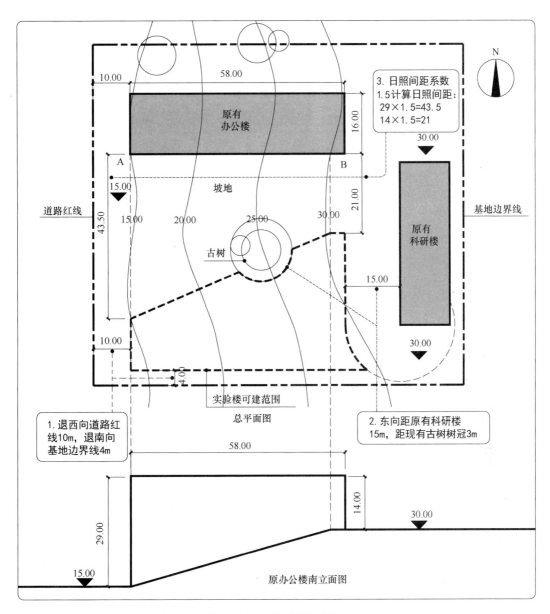

图 3-6-3 场地分析与解答

第七节 某商业用地场地分析（2009年）

一、题目
（一）设计条件
(1) 某地块拟建 4 层（局部可做 3 层）的商场，层高 4m，小区用地尺寸如图 3-7-1 所示。

(2) 西侧高层住宅和东侧多层住宅距用地界线均为 3m，北侧道路宽 12m；北侧道路红线距商场 5m，距停车场 5m；南侧用地界线距商场 22m，距停车场 2m；停车场东、西两侧距用地界线 3m；商场距停车场 6m。

(3) 商场为框架结构，柱网 9m×9m，均取整跨，南北向为 27m，建筑不能跨越人防通道，人防通道在基地中无出入口。

(4) 停车场面积为 1900m²（±5%）。

(5) 当地日照间距系数为 1.6。

（二）任务要求
(1) 根据基地条件布置商场和停车场，并使容积率最大。

(2) 标注相关尺寸。

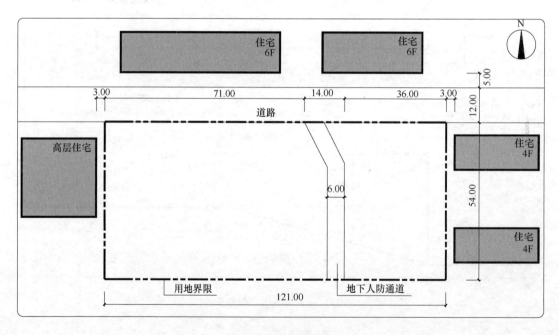

图 3-7-1 场地总图

二、解析
（一）读题与信息分类（图 3-7-2）

本题题型为确定建筑可建范围，题目涉及的间距有退线间距、日照间距、防火间距等，按题作答即可。

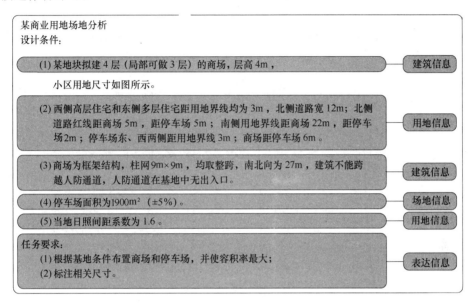

图 3-7-2　读题与信息分类

（二）场地分析（图 3-7-3）

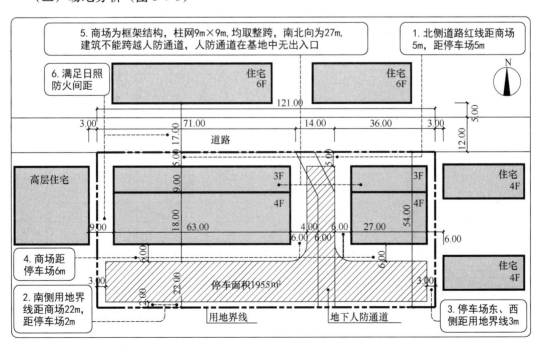

图 3-7-3　场地分析

第八节 人工土台设计（2010年）

一、题目

（一）设计条件

在某处人工削平的台地土坡上，如图 3-8-1 所示，添加一个平面为直角三角形的人工土台，台顶标高 130m。人工土台坡度为 1：2，1-1 剖面坡度也为 1：2。

（二）设计要求

绘制高差为 5m 的台地等高线、边坡界限以及 1-1 竖向场地剖面。

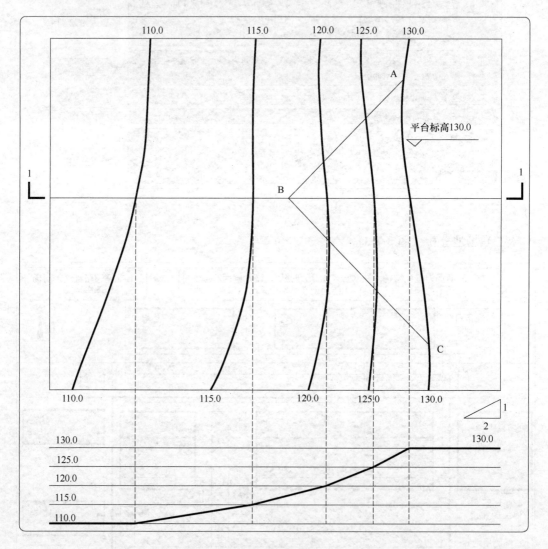

图 3-8-1 场地总图

二、解析
（一）读题与信息分类（图 3-8-2）

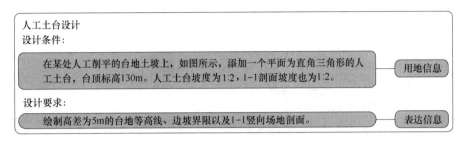

图 3-8-2 读题与信息分类

（二）场地分析与解答（图 3-8-3）

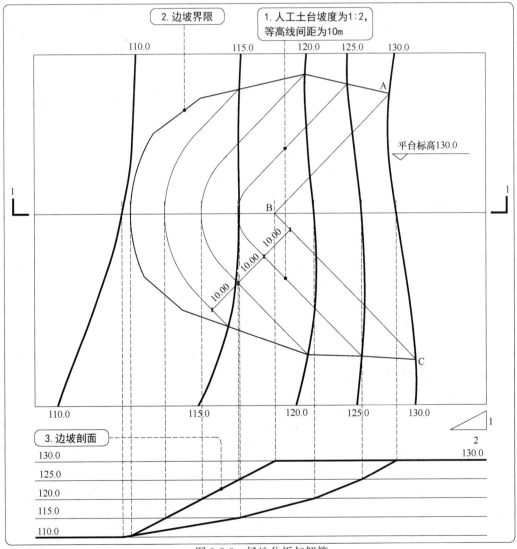

图 3-8-3 场地分析与解答

37

第九节 山地场地分析（2011年）

一、题目

（一）设计条件

（1）已知某山地地形图如图3-9-1所示，最高点高程为50.00m。

（2）要求围合出拟用建设用地，坡度不超过10％，可以参考图中场地西侧已绘出坡度小于10％的拟用建设用地。

（3）场地上空有高压线经过，高压走廊宽50m，高压线走廊范围内不可作为拟用建设用地，图中已绘制出高压线走廊西边线。

（4）保留场地内原有树木，拟用建设用地距树边线3m。

（二）任务要求

（1）在给出场地内剩余部分中绘出符合要求的拟用建设用地，用 ▨ 表示。

（2）绘出高压线走廊东边线。

（3）要求拟用建设用地坡度不超过10％，则符合要求的等高线间距应为_____m。

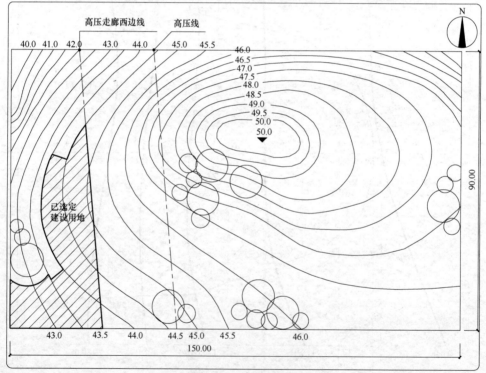

图3-9-1 场地总图

二、解析

地形分析类题目，一定要基本概念清晰，描述地形的基本概念包括：① 等高线间距：两等高线水平距离；② 等高距：两等高线高差；③ 坡度：坡度＝等高距/等高线间距，等高线间距越大，坡度越小。其中的关键点就是坡度公式。

同时应尽可能训练三维直觉能力，看着等高线，山脊、山谷能浮现在眼前。

(一）读题与信息分类（图 3-9-2）

文字部分只包含两类信息：用地信息及表达信息。用地信息中详细列明了建设用地范围的各种制约因素，包括坡度限制、高压走廊限制及保留树木边线的限制。

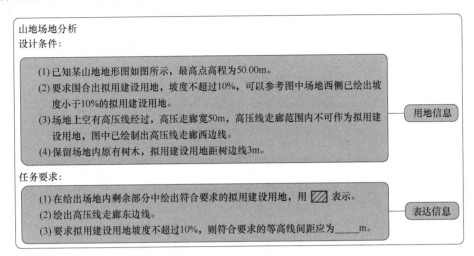

图 3-9-2 读题与信息分类

(二）场地分析与解答（图 3-9-3）

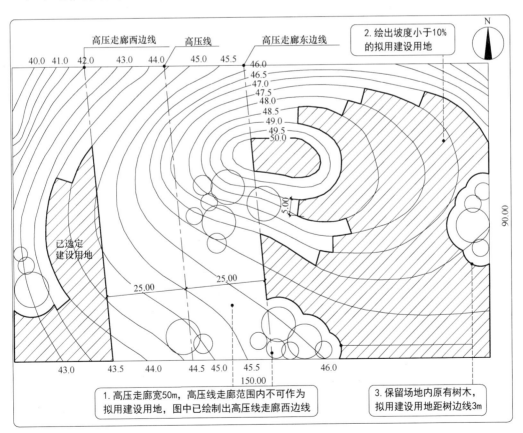

图 3-9-3 场地分析与解答

三、评分标准

评分标准详见表 3-9-1。

2011 年场地设计评分标准 表 3-9-1

序号	考核内容	扣分点	扣分值	分值
1	高压走廊、树冠	（1）高压线走廊保护区东侧边线未画或画错	扣 20 分	20
		（2）高压线走廊保护区尺寸未注或注错	扣 15 分	
		（3）树冠水平投影 3m 线未画或画错，共 2 处	每处扣 5 分	
	建设用地范围选择	（1）坡度、等高线概念不清或不符合题意	扣 70 分	70
		（2）10%坡度连线（5m 长，共 8 处）与题解不符	每处扣 5 分	
		（3）等高线连线（共 10 处）与题解不符	每处扣 2 分	
		（4）山顶用地范围未画或画错	扣 20 分	
		（5）未用斜线填充用地范围或画错	扣 10 分	
	计算结果	计算结果错误（5m），或其他坡度概念错误	扣 5 分	5
2	图面表达	图面粗糙	扣 2~5 分	5

注：各扣分点的扣分总和以该项分值为限，扣完为止。

第十节　某酒店总平面设计（2012 年）

一、题目

（一）设计条件

某基地内有酒店主楼、裙房、附属楼，西侧为汽车停车场，地下停车库范围、地下停车库及其出入口、城市道路、保留树木等现状见图 3-10-1。

（二）作图要求

（1）沿城市主干道设置机动车出入口，并标注该出入口距道路红线交叉点的距离。

（2）沿城市道路设人行出入口及人行出入口广场，面积不小于 300m²。

（3）绘制总平面图中道路与基地内建筑、广场、停车场、地下停车库入口之间的关系，酒店主楼满足环形消防通道要求。

（4）酒店裙房和附属楼各设一处临时停车场，每处停车场不少于 10 个临时停车位，各包含两个无障碍停车位。

（5）标注道路宽度及道路至建筑物的距离，临时停车位与建筑之间的距离等。

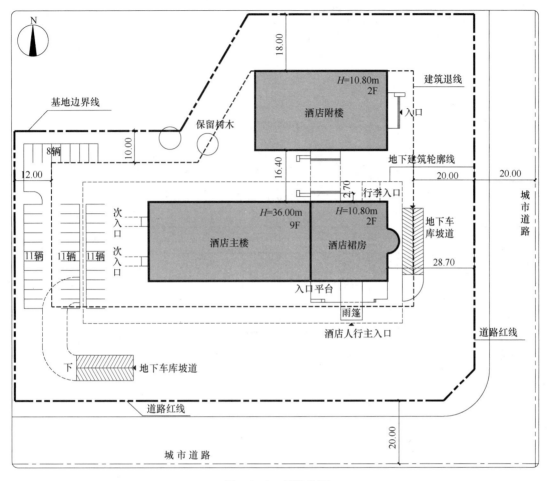

图 3-10-1 场地总图

二、解析
（一）读题与信息分类（图 3-10-2）

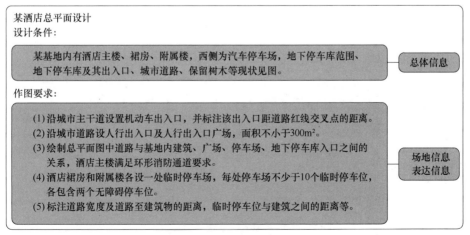

图 3-10-2 读题与信息分类

（二）场地定位及流线组织（图 3-10-3）

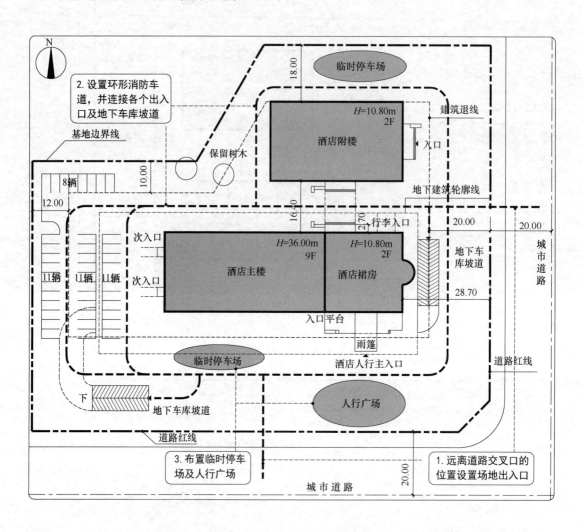

图 3-10-3 场地定位及流线组织

（三）表达阶段（图 3-10-4）

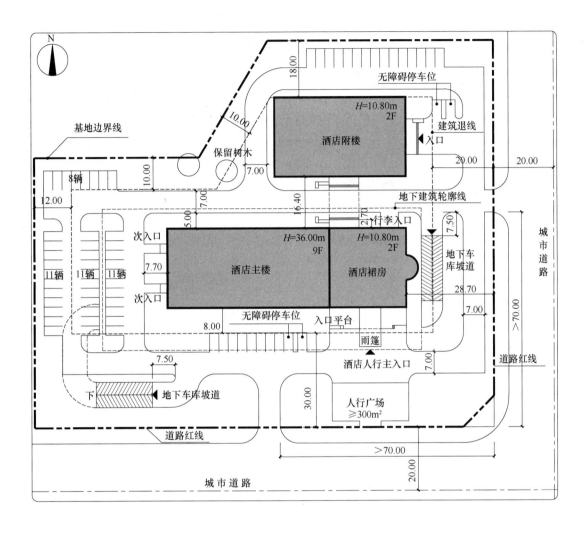

图 3-10-4　表达阶段

三、评分标准

评分标准详见表 3-10-1。

2012 年场地设计评分标准　　　　　　　　　　　　　　　　　表 3-10-1

序号	考核内容			扣分值	分值
1	总平面设计	基地出入口	小广场面积小于 300m²	扣 5 分	20
			机动车出入口中心线距城市主干道红线交叉点的距离，未标注或注错	扣 10 分	
			其他设计不合理	扣 5 分	
		道路、停车场、出入口	总平面道路系统未画或无法判断	扣 75 分	75
			酒店主楼未设环形消防车道或路宽小于 4m	扣 20 分	
			基地内道路系统未连接建筑各出入口及广场、停车场、车库等出入口，画错或无法判断	扣 20 分	
			道路系统与地下车库坡道入口连接的 7.5m 缓冲车道（两处）未设置	扣 10 分	
			临时停车位、无障碍停车位未按两处设置	扣 5 分	
			临时停车位每处少于 10 个停车位	扣 5 分	
			临时停车位每处应设 2 个无障碍停车位（共 4 个）	扣 5 分	
			临时停车位、无障碍停车位设置不合理，临时停车位前道路宽度小于 5.5m	扣 5 分	
			临时停车场的停车位距建筑外墙防火间距小于 6m	扣 5 分	
			道路宽度、道路至建筑物的距离、无障碍车位名称，未标注或注错	每处扣 2 分	
			其他设计不合理	扣 5 分	
2	图面表达		图面表达不正确或粗糙		5

第十一节　综合楼、住宅楼场地布置（2013 年）

一、题目

（一）设计条件

场地内拟建综合楼与住宅楼各一栋，平面形状及尺寸见示意图 3-11-1，住宅需正南北向布置；在场地平面图虚线范围内拟建的 110 个车位地下汽车库不需设计，用地南侧及西侧为城市次干道，北侧为现状住宅，东侧为城市公园（图 3-11-2），建筑退道路红线不小于 16m，退用地红线不小于 5m，当地建筑日照间距系数为 1.6，城市绿化带内可开设机动车及人行出入口。

(二) 设计要求

根据提示内容要求,在场地平面图中:

(1) 布置综合楼及住宅楼,允许布置在地下汽车库上方。
(2) 布置场地车行道路、绿化及人行道路;标注办公楼、住宅楼出入口位置。
(3) 布置场地机动车出入口、地下汽车库出入口。
(4) 布置供办公使用的8个地面临时机动车停车位(含无障碍停车位1个)。
(5) 标注建筑间距、道路宽度、住宅的宅前路与建筑的距离、场地机动车出入口与公交车站站台的最近距离尺寸。

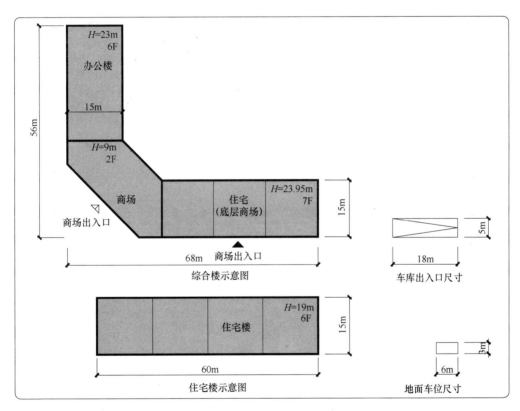

图 3-11-1　图示

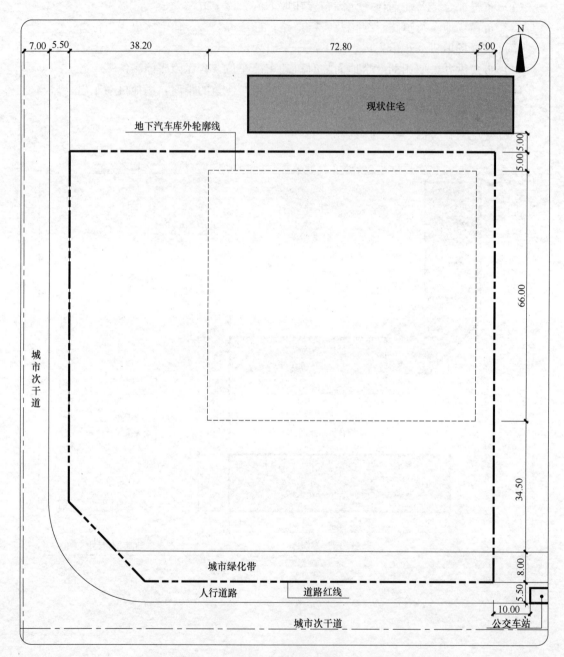

图 3-11-2 场地总图

二、解析
(一) 读题与信息分类（图 3-11-3）

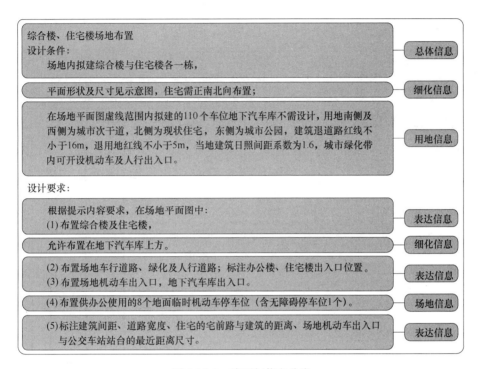

图 3-11-3　读题与信息分类

(二) 场地分析（图 3-11-4）

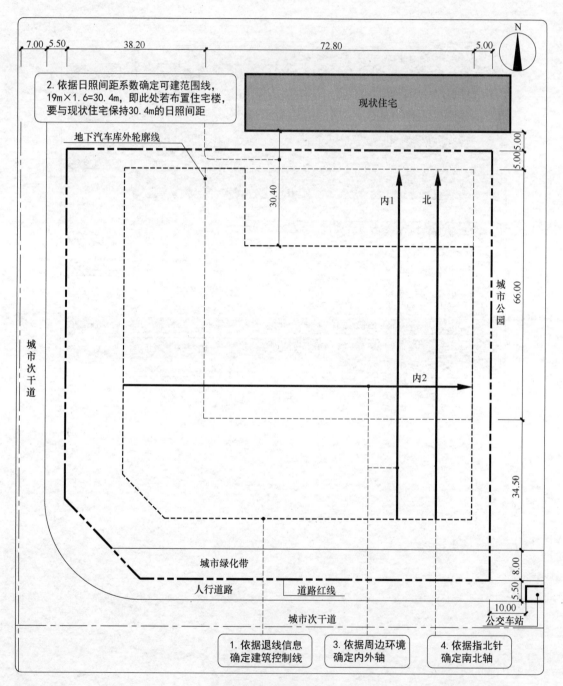

图 3-11-4 场地分析

（三）建筑场地定位及流线组织（图 3-11-5）

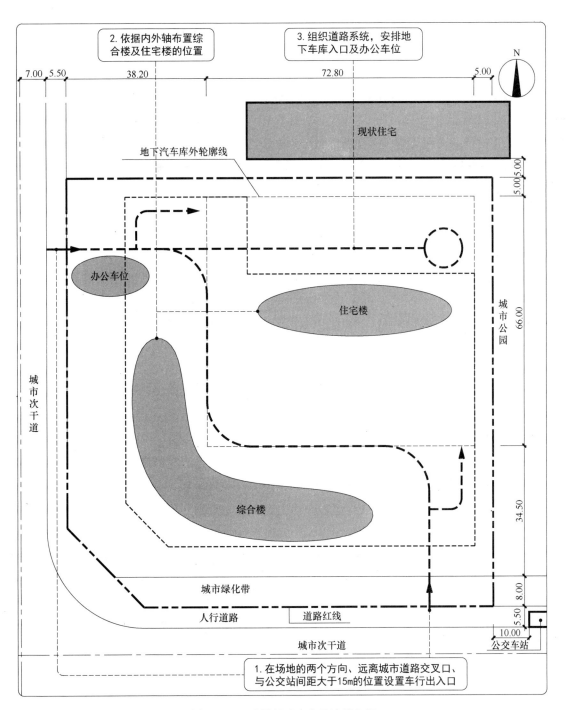

图 3-11-5 建筑场地定位及流线组织

(四) 表达阶段（图 3-11-6）

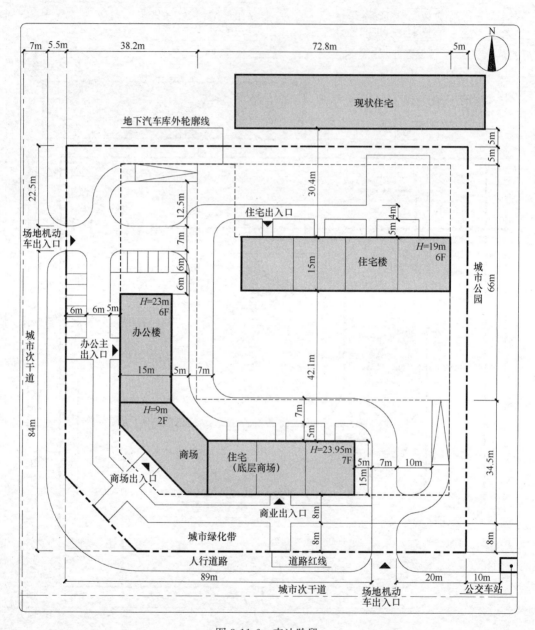

图 3-11-6 表达阶段

三、评分标准

评分标准详见表 3-11-1。

2013 年场地设计评分标准 表 3-11-1

序号	考核内容		扣 分 点	扣分值	分值
1	场地布置	总图布局	综合楼或住宅楼布置不合理（住宅非正南北向布置，办公、商业不靠近城市道路）	每处扣 20 分	45
			建筑物外墙退道路及用地红线（西侧、南侧 16m；东侧、北侧 5m）距离不够	每处扣 3 分	
			住宅日照间距不足 1.6 倍（南北距离分别小于 38.32m、30.4m）	每处扣 15 分	
			办公主出入口位于内院、住宅出入口沿街布置以及其他布置不合理或无法判断	每处扣 3 分	
			建筑日照间距、道路宽度、住宅宅前路与建筑的距离、场地机动车出入口与公交站站台的最近距离尺寸、办公楼出入口、住宅楼出入口，未标注或注错	每处扣 2 分	
			未布置绿地，或绿地布置不合理，或无法判断	扣 2 分	
			其他设计不合理	扣 2~5 分	
		交通	场地内道路均未画，或无法判断	扣 50 分	50
			道路绘制不完整，车库、办公、商业、住宅交通混杂、相互干扰，或者无法判断	扣 5~10 分	
			场地对外车行出入口少于 2 个	扣 10 分	
			场地对外车行出入口距离城市道路交叉口不足 70m，或无法判断	每处扣 2 分	
			场地出入口与公交站最近短边的距离不足 15m，或无法判断	扣 3 分	
			地下车库未设两处出入口，或两个出入口距离小于 10m，或无法判断	扣 2~5 分	
			地下车库坡道出口与城市道路或基地内道路未连接，或距离不足 7.5m	每处扣 1 分	
			住宅组团内主要道路宽度不足 4m	扣 2 分	
			住宅宅前路宽度小于 2.5m、住宅（有出入口）宅前路距住宅小于 2.5m	扣 2 分	
			地面临时停车场未布置，停车位距建筑不足 6m，停车场位于内院，占用城市绿化带停放	扣 3~6 分	
			其他设计不合理	扣 3~8 分	
2	图面表达		图面粗糙或主要线条徒手绘制	扣 3~5 分	5

第十二节 某球场地形设计（2014 年）

一、题目

（一）设计条件

（1）已知待修建的为球场和景观的一处台地和坡地。场地周边为人行道路，每边人行道路坡度不同，每边都采用各自均匀的坡度。场地条件如图 3-12-2 所示，道路最低高程点为 6m，最高高程点为 12m。

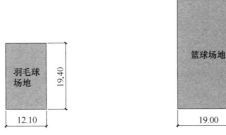

图 3-12-1 球场图示

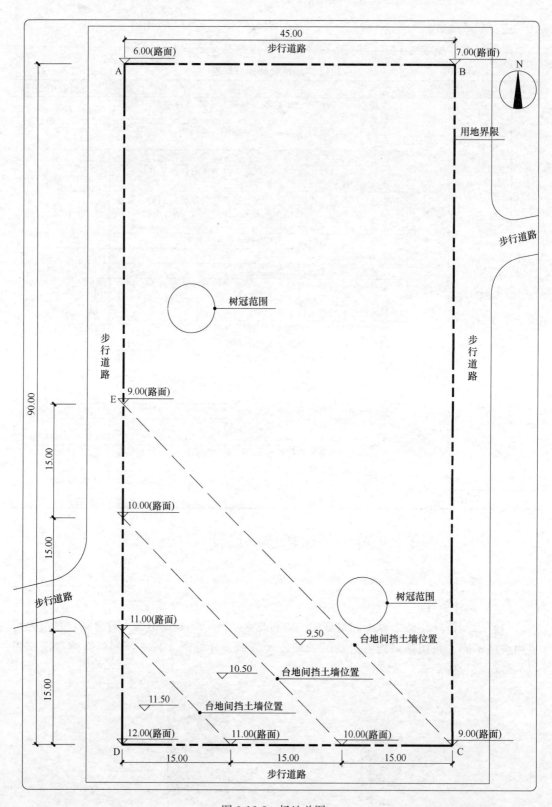

图 3-12-2 场地总图

(2) 根据现有路面标高规律与台地布置情况，即每块台地与其相邻的台地高差一样，台地互相间高差为 1m，台地标高与道路控制点标高高程差为 0.5m。

(3) 保留场地内原有台地形态、标高与树木。

(二) 任务要求

(1) 在合理的台地区域内布置篮球场、羽毛球场，尺寸如图 3-12-1 所示。尽可能多地布置球场。

(2) 补全道路（即场地边）标高与台地内高程点标高。

(3) 不同方向的道路标高作为挡土墙起始端，挡土墙长度要求最短。新建球场与挡土墙不能穿过树冠。

二、解析
（一）读题与信息分类（图 3-12-3）

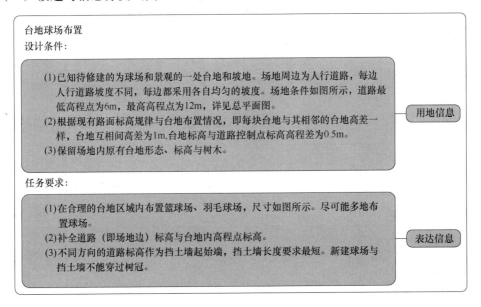

图 3-12-3　读题与信息分类

（二）场地分析与解答（图 3-12-4）

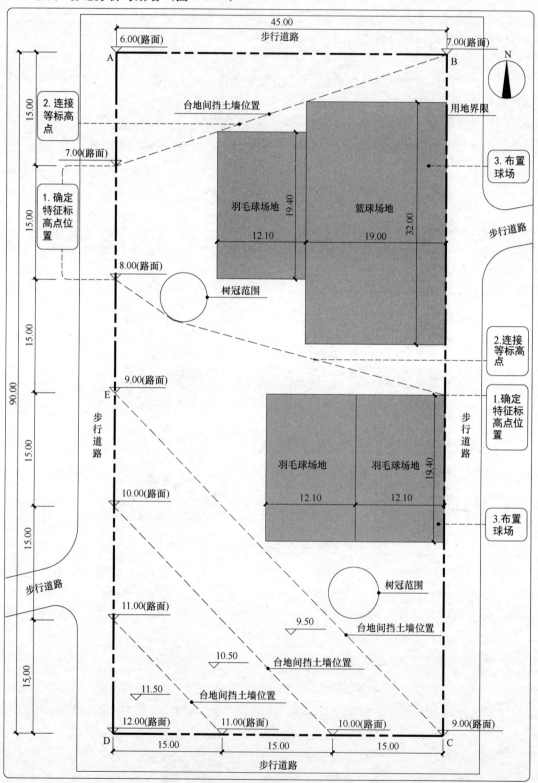

图 3-12-4　场地分析与解答

三、评分标准

评分标准详见表 3-12-1。

2014 年场地设计评分标准　　　　　　　　　　　　　表 3-12-1

序号	考核内容	扣分点	扣分值	分值
1	设计要求	（1）场地西侧 7m 标高点未与场地 B 点直线相连为挡土墙连线，或场地西侧 7m 标高点位置不正确，或无法判断	均扣 90 分	90
		（2）场地西侧 8m 标高点位置和数量不正确	扣 20 分	
		（3）场地东侧 8m 标高点位置和数量不正确	扣 40 分	
		（4）场地北侧设置标高点	扣 20 分	
		（5）连接两个 8m 标高点的挡土墙连线未躲让大树树冠	扣 5 分	
		（6）连接两个 8m 标高点的挡土墙连线不是最短	扣 5 分	
		（7）在题意要求的 7m 标高线、8m 标高线有误的前提下布置球场	扣 10 分	
	作图要求	（1）在 7m 标高线、8m 标高线均符合题意的前提下，球场数量不是 1 个篮球场和 3 个羽毛球场	扣 5 分	10
		（2）球场尺寸不准确，或球场不是南北长向布置	扣 5 分	
		（3）未按题目要求标注标高和尺寸，标注不全或标注错误	扣 5 分	
第一题小计分		第一题得分：小计分×0.2＝		

第十三节　某工厂生活区场地布置（2017 年）

一、题目

（一）设计条件

（1）某工厂办公生活区场地布置，建设用地及周边环境如图 3-13-1 所示。

（2）建设内容如下：

① 建筑物：研发办公综合楼一栋，员工宿舍三栋，员工食堂一栋。各建筑物平面形状、尺寸及层数见图 3-13-2。

② 场地：休闲广场（面积≥1000m²）。

（3）规划要求：建筑物后退厂区内的道路边线≥3m，保留用地内原有历史建筑、公共绿地、水体景观、树木和道路系统，不允许有任何更改、变动和占用。在历史建筑和公共服务部分之间设置一条 25m 宽的视线通廊，通廊内不允许有任何建筑遮挡。

（4）紧邻用地南侧前广场布置研发办公综合楼（包括研发部分、公共服务部分与办公部分，共三部分）。员工宿舍应成组团布置（日照间距 1.5H 或 30m）且应远离前广场。员工食堂布置应考虑同时方便研发、办公、生产区和宿舍员工就餐。休闲广场应紧贴食堂。研发办公综合体中的公共服务部分应直接联系研发和办公部分，三者之间设置连廊联系，连廊宽 6m。

（5）建筑物的平面形状、尺寸不得变动和转动，且均应按正南北朝向布置。

（6）拟建建筑均按《民用建筑设计规范》布置，耐火等级均为二级。

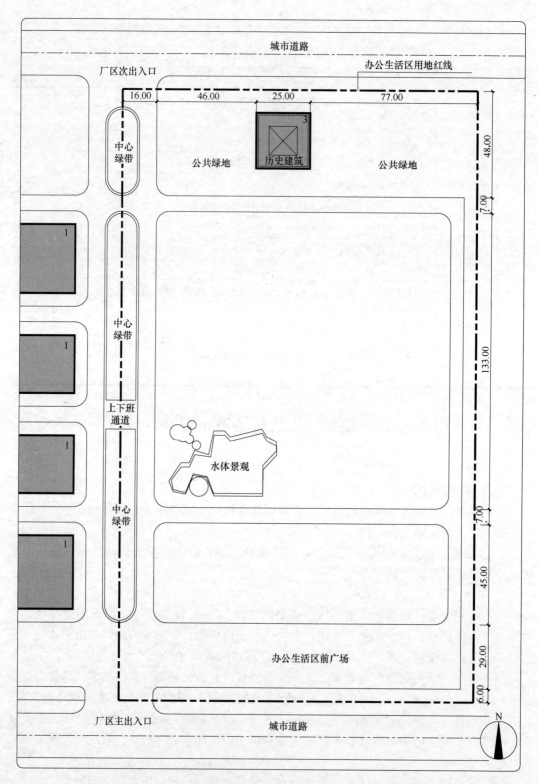

图 3-13-1 场地总图

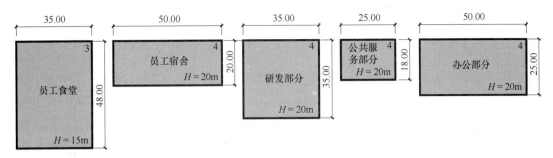

图 3-13-2 建筑图示

(二) 任务要求

(1) 根据设计条件绘制总平面图，画出建筑物、场地并标注其名称。

(2) 标注满足规划、规范要求的建筑物之间、建筑物与场地内道路边线之间的距离相关尺寸，标注视线通廊宽度尺寸、休闲广场面积。

(3) 画面线条应准确和清晰，用绘图工具绘制。

二、解析
(一) 读题与信息分类（图 3-13-3）

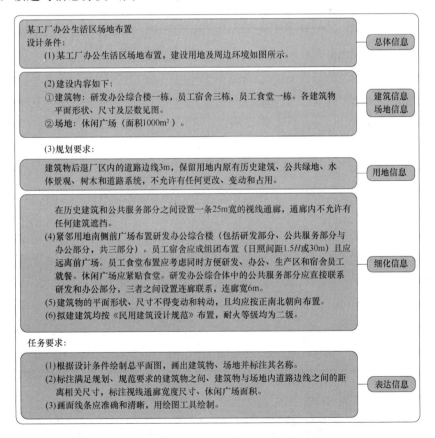

图 3-13-3 读题与信息分类

（二）场地分析（图3-13-4）

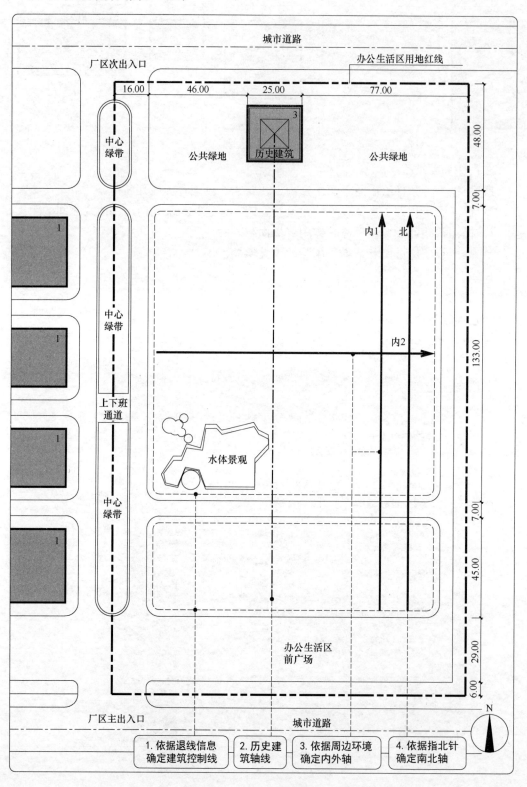

图 3-13-4　场地分析

（三）建筑场地定位（图 3-13-5）

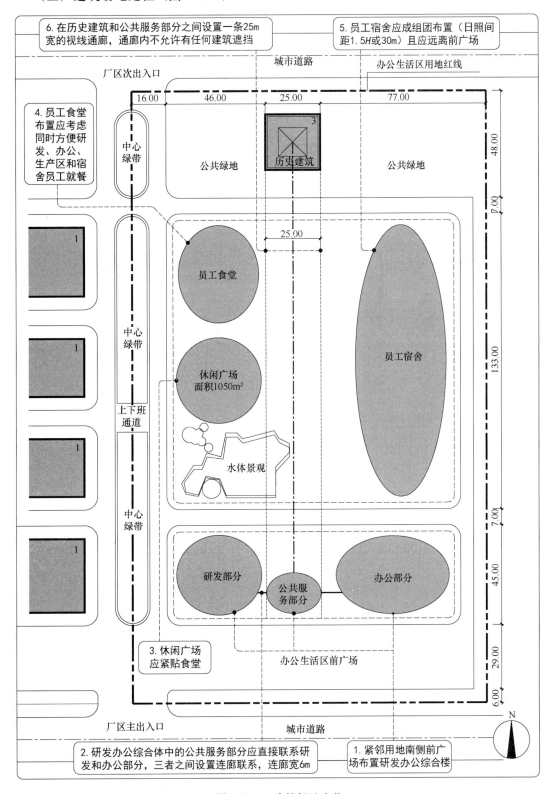

图 3-13-5　建筑场地定位

（四）表达阶段（图 3-13-6）

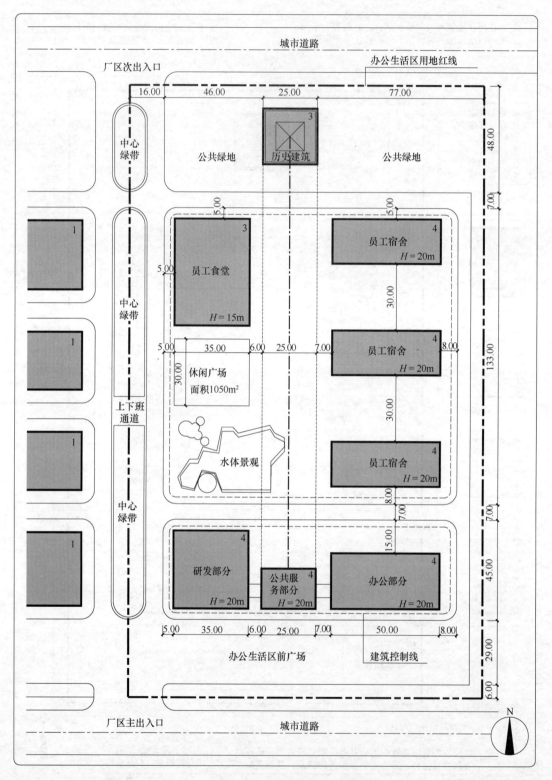

图 3-13-6 表达阶段

三、评分标准

评分标准详见表 3-13-1。

2017 年场地设计评分标准 表 3-13-1

序号	考核内容	扣 分 点	扣分值	分值
1	设计要求	未画或无法判断	本题为 0 分	80
		（1）研发办公综合楼一栋、员工宿舍三栋、员工食堂一栋，未布置、缺项或数量不符	少一栋扣 20 分	
		（2）未紧邻用地南侧前广场布置研发办公综合体（包括三部分）	扣 30 分	
		（3）未按题目要求设置视线通廊，或视线通廊宽度小于 25m，或通廊内有建筑遮挡，或无法判断	扣 20 分	
		（4）占用公共绿地、水体景观，或改变道路系统	各扣 10 分	
		（5）宿舍未考虑成组团布置，或宿舍组团未远离前广场	扣 15 分	
		（6）食堂布置未考虑同时方便研发、办公生产区和宿舍员工就餐	扣 5～10 分	
		（7）休闲广场未紧贴食堂，或面积小于 1000m²	扣 10 分	
		（8）研发办公综合体公共服务部分位置不合理	扣 5～8 分	
		（9）研发办公综合体各部分未通过连廊连接	扣 5 分	
		（10）影响宿舍的建筑日照间距小于 $1.5H$（30m）	每处扣 10 分	
		（11）建筑物后退厂区内的道路边线<3m	每处扣 15 分	
		（12）其他设计不合理	扣 2～10 分	
	作图要求	（1）未按已给图例的形状与尺寸绘制，或转动，或无法识别判断	每处扣 5 分	15
		（2）视线通廊、休闲广场的尺寸未标注或标注错误	扣 2～5 分	
		（3）建筑物之间、建筑物与场地内道路边线之间的距离未标注或标注错误	扣 2～5 分	
2	图面表达	图面粗糙或主要线条徒手绘制	扣 2～5 分	5

第十四节 拟建多层住宅最大可建范围（2019 年）

一、题目

（一）设计条件

某用地内拟建多层住宅建筑，场地平面如图 3-14-1 所示：
(1) 拟建多层住宅退南、东侧道路红线不小于 10m。
(2) 拟建多层住宅退北、西侧用地红线不小于 5m。
(3) 拟建多层住宅退地下管道边线不小于 3m。
(4) 当地居住建筑日照间距系数为 1.5。
(5) 拟建及既有建筑的耐火等级均为二级。既有办公楼东侧山墙为玻璃幕墙。
(6) 应符合国家现行有关规范的规定。

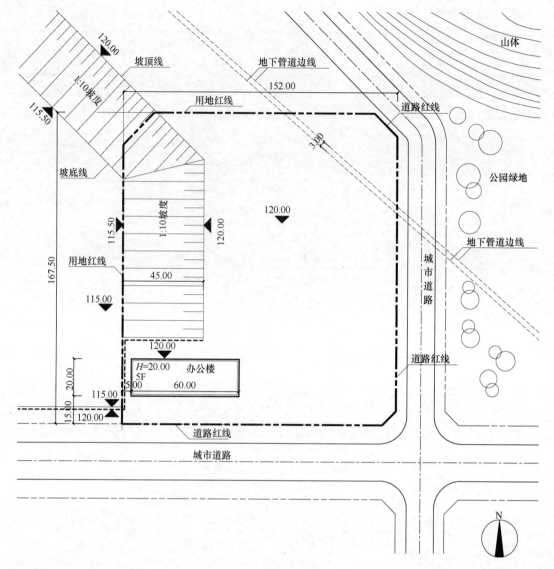

图 3-14-1 总平面图

(二) 作图要求
(1) 绘出拟建多层住宅的最大可建范围（用▨表示）。
(2) 标注办公楼与拟建多层住宅最大可建范围边线的相关尺寸。
(3) 标注拟建多层住宅与道路红线、用地红线的尺寸。

二、解析
(一) 读题与信息分类（图 3-14-2）
本题题型为确定建筑可建范围，涉及退线，包括退道路红线、退用地红线及退地下管道边线，涉及间距，包括日照建筑及防火间距，为最常规的场地分析题。

(二) 场地分析与解答（图 3-14-3）

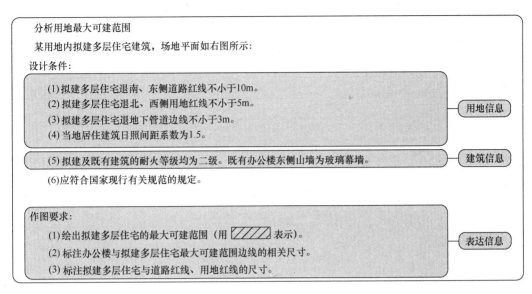

图 3-14-2 读题与信息分类

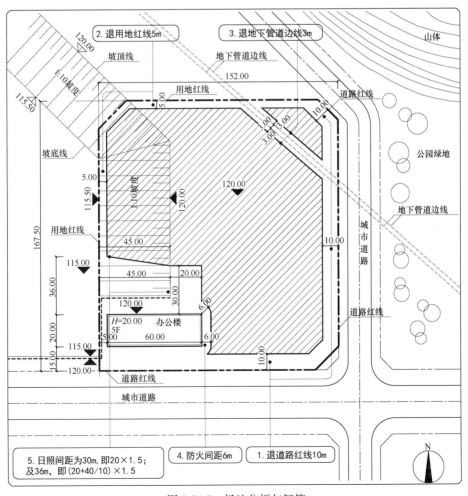

图 3-14-3 场地分析与解答

63

三、评分标准

评分标准详见表 3-14-1。

2019 年场地设计评分标准　　　　　　　　　表 3-14-1

序号	考核内容	扣分点		扣分值	分值
1	建筑用地范围选择	退线	退南侧道路红线小于 10m	扣 10 分	30 分
			退东侧道路红线小于 10m	扣 10 分	
			退西侧用地红线小于 5m	扣 10 分	
			东南角、东北角不是切线或退线错	扣 5~10 分	
			尺寸未标注或注错	每处扣 5 分	
		地下管线	地下管道南、北两侧边线未画或画错	扣 5 分	15 分
			尺寸未标注或注错	扣 5~10 分	
		日照间距	办公楼北侧日照间距未画或画错	扣 5 分	15 分
			尺寸未标注或注错	扣 10 分	
		坡顶线	退坡顶线边线未画或画错	扣 5 分	15 分
			尺寸未标注或注错	扣 10 分	
		防火间距	办公楼东侧防火间距未画或画错	扣 5 分	20 分
			尺寸未标注或注错	扣 10 分	
			漏办公楼东北角、东南角防火间距圆弧	每处扣 5 分	
2	图面表达	图面粗糙或主要线条徒手绘制		扣 2~5 分	5 分
第一题小计分		第一题得分：小计分×0.2＝			

第十五节　停车场设计（2020 年）

一、题目

项目用地范围如图 3-15-1 所示，场地中包括一既有停车楼。场地东侧、北侧分别为城市支路 1、城市支路 2，南侧为既有办公楼，西侧为城市绿地。

（一）设计要求

（1）设置满足 38 个停车位。

（2）需包含 10 个电动汽车车位。

（3）需包含 5 个无障碍车位。

（4）设置停车场收费站。

（5）城市公厕一处，36m²。

（6）非机动车停放区域，200m²。

（二）规划要求

（1）场地东侧设置车辆出入口一处，北侧仅设置车辆出口，需设置人行出入口一处。

（2）机动车位应退用地红线不小于 2m，非机动车停车位退道路红线不小于 5m，城市公厕、停车场收费岗亭及闸门应退用地红线和道路红线不小于 5m。

（3）停车场收费岗亭附近需考虑行人出入区域。

(三) 作图要求

(1) 设计室外停车场，并按图例标注收费站闸门。

(2) 标注场地出入口、红线退线等相关设计尺寸，设计场地绿化。

(四) 图例 (图 3-15-2)

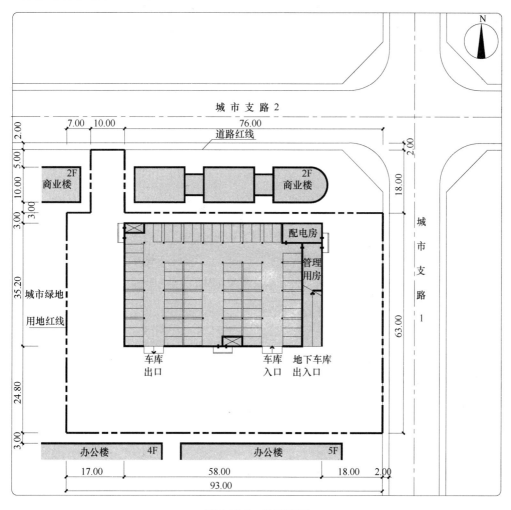

图 3-15-1 总平面图

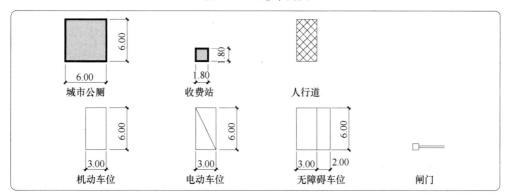

图 3-15-2 图例

二、解析
(一) 读题与信息分类（图 3-15-3）

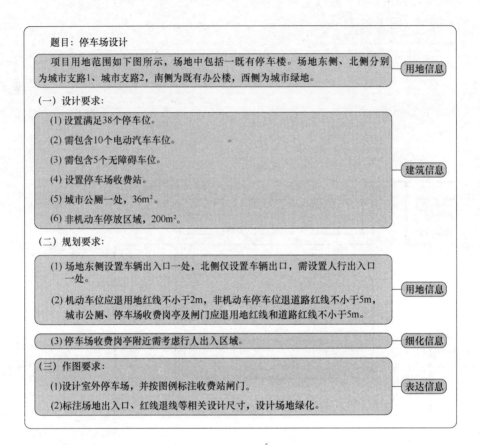

图 3-15-3 读题与信息分类

（二）场地分析与解答（图 3-15-4）

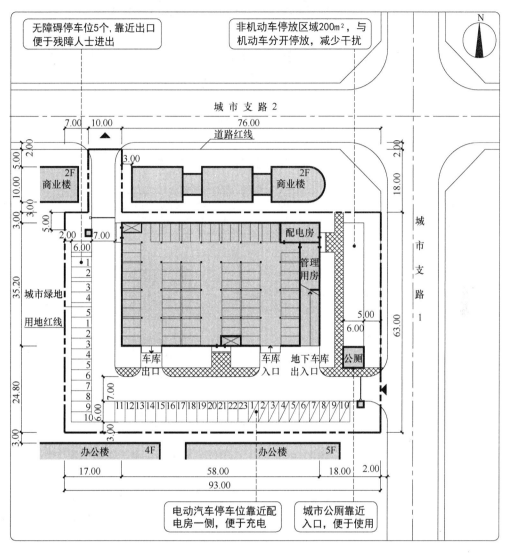

图 3-15-4 场地分析与解答

第十六节 场地平整设计（2021 年）

一、题目

拟建设两栋 6 层住宅，建筑日照计算高度为 19m，当地建筑日照间距系数为 1.5，住宅位置及场地条件见图 3-16-1。

（一）设计要求
将用地界线内的坡地整理为两块平整的台地，并满足下列要求：
（1）满足当地日照间距要求。
（2）用地范围内土石方平衡且挖填量最小。

67

(二) 作图要求

(1) 在场地平面图中，用粗实线绘出两块台地的分界线，并在图中（ ）内注明台地设计标高。

(2) 在 1-1 剖面图中，用粗实线绘出整理后的台地剖面轮廓线，并注明台地标高、住宅高度。

(三) 提示

(1) 场地平整设计不考虑住宅室内外高差的影响。

(2) 住宅平面位置及高度不应改动。

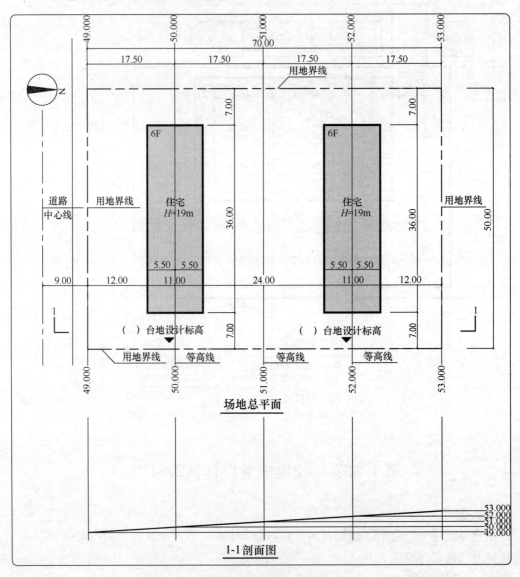

图 3-16-1 场地条件图

二、解析
(一) 读题与信息分类（图 3-16-2）

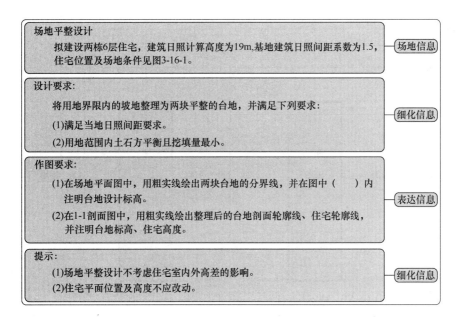

图 3-16-2 读题与信息分类

（二）场地分析与解答（图 3-16-3）

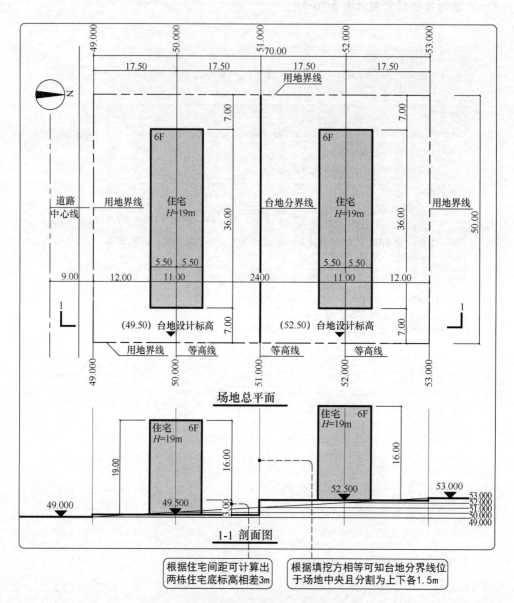

图 3-16-3 场地分析与解答

第十七节 园区建筑布置及设计（2022 年）

一、题目
（一）设计条件

某园区拟建 C 座研发办公楼，总用地面积 $11340m^2$，其与北侧住宅已有场地平整无高差，其他场地条件见图 3-17-1，设计条件如下。

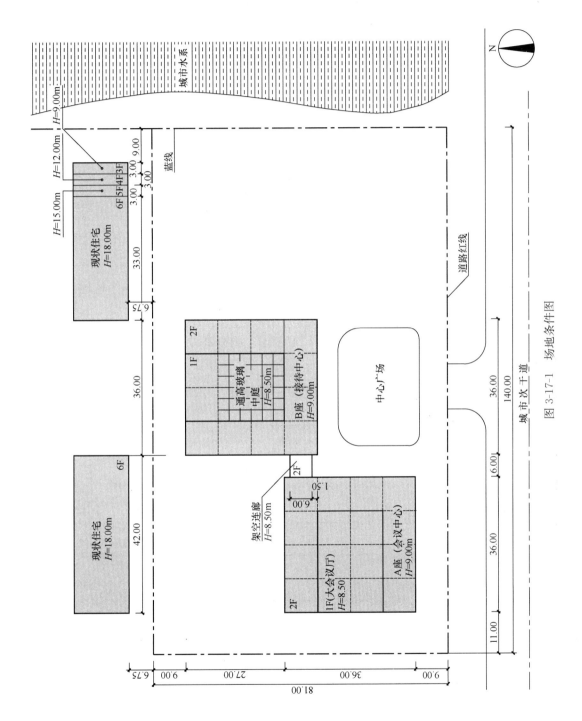

图 3-17-1 场地条件图

(1) 建筑退道路红线、用地红线、蓝线均不小于9m。
(2) 城市设计要求：临东侧蓝线建筑高度超9m时，应逐层退台，并满足建筑退蓝线距离与相对应的建筑高度之比不小于1∶1。
(3) 住宅日照间距系数为1.5。
(4) 园区内建筑除注明外，层高均为4.50m。

(二) 设计要求

(1) 满足园区建筑密度≤30%，建筑为多层的情况下，C座建筑面积最大。
(2) 在满足日照间距条件下，退道路红线距离最大。
(3) C座与B座通过6m宽、底层无柱、二层封闭的架空连廊相连。

(三) 作图要求

选择图3-17-2中正确的C座平面类型，将其屋顶平面绘制于总平面图中。
(1) 绘出屋顶平面及退台位置线，注明其对应的层数及建筑高度。
(2) 标注退距尺寸、间距尺寸、退台尺寸等。
(3) 绘制C座与B座之间的连廊并注明相关尺寸。
(4) 完成填空：C座占地面积(　　)m²，园区建筑密度(　　)%。

(四) 提示与图示

(1) C座平面类型图示见图3-17-2。
(2) 不得改变平面类型的方向及首层轮廓。
(3) C座建筑高度及日照计算高度，均不考虑室内外高差、屋面做法厚度及女儿墙高度。

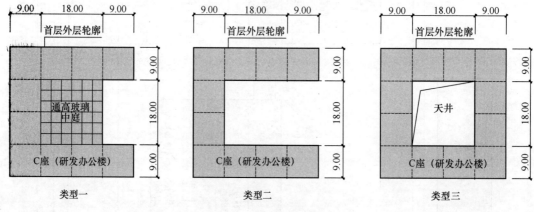

图3-17-2　C座平面类型图示

二、解析
(一) 读题与信息分类 (图 3-17-3)

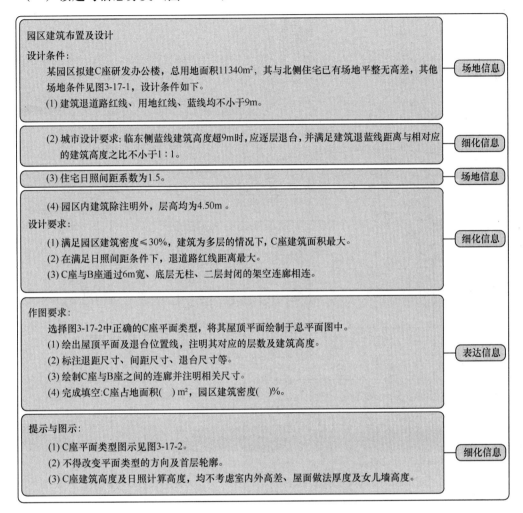

图 3-17-3 读题与信息分类

（二）场地分析与解答（图3-17-4）

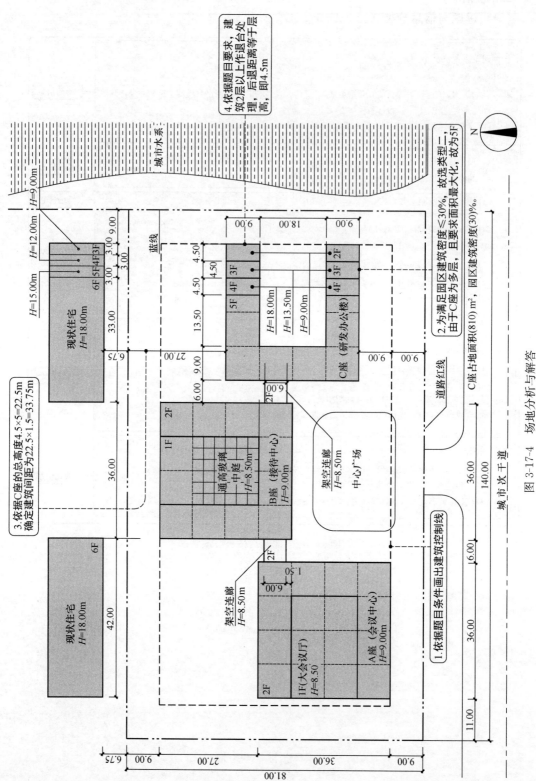

图 3-17-4 场地分析与解答

第十八节　某多层宾馆场地改造设计（2022年冬）

一、题目
(一) 设计条件
某多层宾馆进行室外场地环境更新改造，场地环境详见图3-18-1，场地内树木及停车位需保留。

(二) 设计要求
依据相关规范，按照下述要求完成总平面场地设计。

1. 设计场地机动车主、次出入口
(1) 在南侧城市主干道上，设置场地机动车主出入口，其宽度不小于12m。
(2) 在东侧城市主干道上，设置场地机动车次出入口，其宽度不小于7m。

2. 设计场地内机动车道路
设置环绕建筑机动车双车道外部的机动车双车道及必要的消防车道。

3. 设计广场
在餐饮楼出入口处，设置边长为14m×28m的矩形广场，雨篷、车行道、停车位等不能占用广场，广场东侧正对城市道路不应设置机动车停车位。

4. 机动车停车位
(1) 在客房楼南侧两处停车位中，各增设1个无障碍停车位。
(2) 在餐饮楼东侧场地内，设置11个停车位，其中1个为无障碍停车位。

5. 设计人行通道
在合适位置设置两处与城市道路连通的人行通道，两处通道宽度不小于5m。

(三) 作图要求
(1) 绘出并注明场地机动车主、次出入口和内部道路，标注宽度和定位尺寸。
(2) 绘出并注明广场范围，标注尺寸。
(3) 绘出并注明人行通道位置，标注宽度。
(4) 绘出新增机动车停车位，注明停车数和无障碍停车位。

(四) 提示
(1) 不需考虑场地竖向设计。
(2) 机动车停车位尺寸为3m×6m。
(3) 树木轮廓内为不可占用范围。

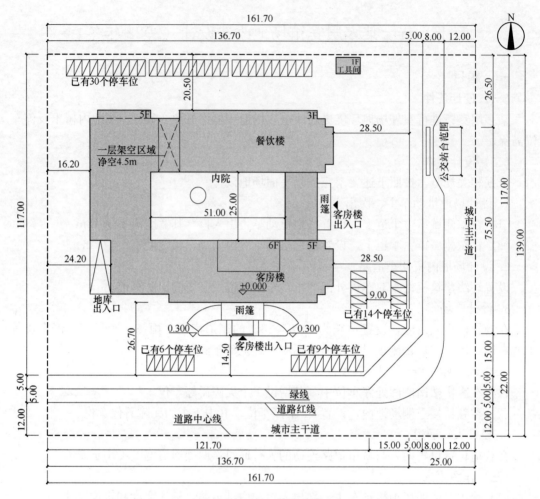

图 3-18-1 场地总图

二、解析
(一) 读题与信息分类（图 3-18-2）

题目：某多层宾馆场地改造设计
设计条件： 某多层宾馆进行室外场地环境更新改造，场地内树木及停车位需保留。

总体信息

设计要求：
依据相关规范，按照下述要求完成总平面场地设计。
1. 设计场地机动车主、次出入口
(1) 在南侧城市主干道上，设置场地机动车主出入口，其宽度不小于12m。
(2) 在东侧城市主干道上，设置场地机动车次出入口，其宽度不小于7m。
2. 设计场地内机动车道路
设置环绕建筑机动车双车道外部的机动车双车道及必要的消防车道。
3. 设计广场
在餐饮楼出入口处，设置边长为14m×28m的矩形广场，雨篷、车行道、停车位等不能占用广场，广场东侧正对城市道路不应设置机动车停车位。
4. 机动车停车位
(1) 在客房楼南侧两处停车位中，各增设1个无障碍停车位。
(2) 在餐饮楼东侧场地内，设置11个停车位，其中1个为无障碍停车位。
5. 设计人行通道
在合适位置设置两处与城市道路连通的人行通道，两处通道宽度不小于5m。

细化信息

作图要求：
(1) 绘出并注明场地机动车主、次出入口和内部道路，标注宽度和定位尺寸。
(2) 绘出并注明广场范围，标注尺寸。
(3) 绘出并注明人行通道位置，标注宽度。
(4) 绘出新增机动车停车位，注明停车数和无障碍停车位。

表达信息

提示：
(1) 不需考虑场地竖向设计。
(2) 机动车停车位尺寸为3m×6m。
(3) 树木轮廓内为不可占用范围。

细化信息

图 3-18-2　读题与信息分类

（二）场地分析与解答（图 3-18-3）

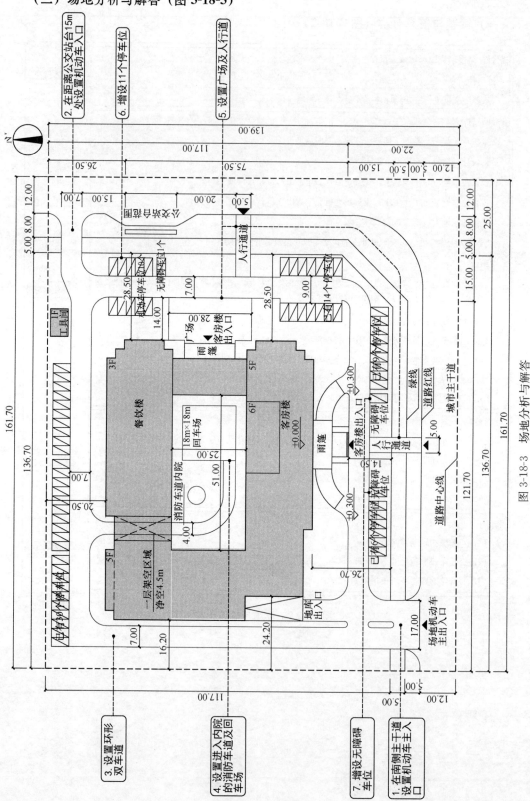

图 3-18-3 场地分析与解答

第十九节　历史街区更新规划设计（2023年）

一、题目
某城市历史街区总平面示意如图3-19-1，街区西侧地块为古塔公园，南侧、北侧、东侧地块均为居住用地，街区内原有建筑为地方特色传统民居。通过本次更新设计，塑造尊重环境、功能复合的历史文化商业街区。

（一）设计条件
1. 主要街巷单元格尺寸为35m×35m，街区内街巷宽度分别为5m和2.5m。
2. 街区内有名人故居和古树游园各一处，东南角已建成地铁出入口及其附属广场。
3. 图中填充街巷单元已完成更新及保护性修缮，不可拆改，原有街巷不得减少或改变。
4. 图中未填充街巷单元可根据设计要求规划广场、游园、建筑用地及新增街巷。

（二）设计要求
综合考虑街区周边环境要素，场地信息及下述要求，在历史街区内规划游览路线及建设用地。

1. 选择适合道路，规划游览路线
（1）连续的主要游览路线一条，可转折，可利用新增街巷。
（2）连接主要游览路线和北侧城市支路的次要游览路线两条，均不可转折。
（3）连接主要游览路线和南侧城市支路的次要游览路线一条，不可转折。

2. 选择适合地块，规划建筑用地四处
（1）文化广场用地一处，尺寸30m×30m。
（2）街区更新展示馆用地一处，尺寸30m×30m。
（3）街区休闲广场用地一处，尺寸30m×12.5m。
（4）临南侧城市支路设小游园用地一处，面积约400m²。

（三）作图要求
（1）用粗实线绘制主要游览路线，粗虚线绘制次要游览路线，并标注名称。
（2）用细虚线绘制新增街巷，并标注名称。
（3）用粗实线绘制文化广场用地、街区更新展示馆用地、街区休闲广场用地和小游园用地轮廓线，并标注名称。

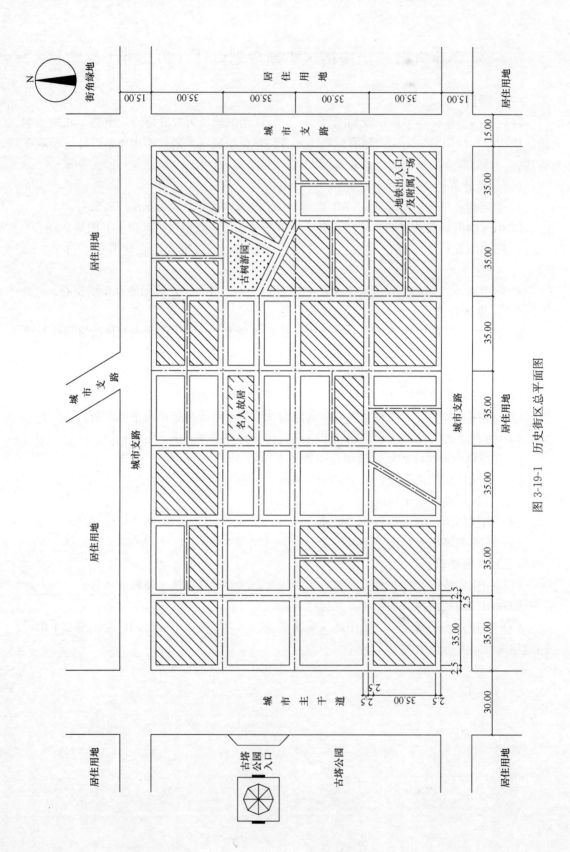

图 3-19-1 历史街区总平面图

二、解析
(一) 读题与信息分类（图 3-19-2）

题目：历史街区更新规划设计

某城市历史街区总平面示意如图，街区西侧地块为古塔公园，南侧、北侧、东侧地块均为居住用地，街区内原有建筑为地方特色传统民居。通过本次更新设计，塑造尊重环境，功能复合的历史文化商业街区。

总体信息

一、设计条件：
1. 主要街巷单元格尺寸为35m×35m，街区内街巷宽度分别为5m和2.5m。
2. 街区内有名人故居和古树游园各一处，东南角已建成地铁出入口及其附属广场。
3. 图中填充街巷单元已完成更新及保护性修缮，不可拆改，原有街巷不得减少或改变。
4. 图中未填充街巷单元可根据设计要求规划广场、游园、建筑用地及新增街巷。

场地信息

二、设计要求：
综合考虑街区周边环境要素，场地信息及下述要求，在历史街区内规划游览路线及建设用地。
1. 选择适合道路，规划游览路线
   (1) 连续的主要游览路线一条，可转折，可利用新增街巷。
   (2) 连接主要游览路线和北侧城市支路的次要游览路线两条，均不可转折。
   (3) 连接主要游览路线和南侧城市支路的次要游览路线一条，不可转折。
2. 选择适合地块，规划建筑用地四处
   (1) 文化广场用地一处，尺寸30m×30m。
   (2) 街区更新展示馆用地一处，尺寸30m×30m。
   (3) 街区休闲广场用地一处，尺寸30m×12.5m。
   (4) 临南侧城市支路设小游园用地一处，面积约400m²。

细化信息

三、作图要求：
(1) 用粗实线绘制主要游览路线，粗虚线绘制次要游览路线，并标注名称。
(2) 用细虚线绘制新增街巷，并标注名称。
(3) 用粗实线绘制文化广场用地、街区更新展示馆用地、街区休闲广场用地和小游园用地轮廓线，并标注名称。

表达信息

图 3-19-2 读题与信息分类

（二）场地分析与解答（图 3-19-3）

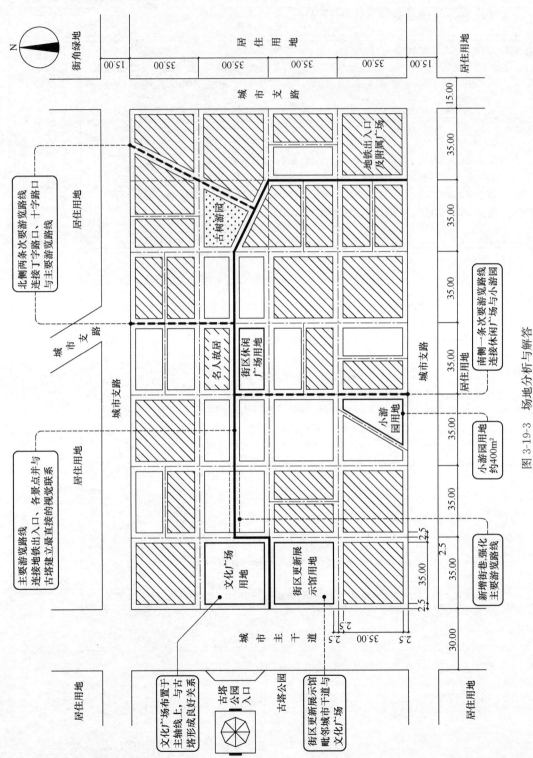

图 3-19-3 场地分析与解答

第二篇　建筑方案设计（作图题）

第四章 注册考试视角下的建筑方案设计

二级注册建筑师建筑设计的考试大纲叙述如下:"理解建筑设计的基础理论,掌握中小型民用建筑的场地环境、道路交通、功能分区、流线组织、空间组合,以及建筑结构、防灾、安全、建筑物理性能等设计能力;掌握既有建筑的更新改造策略。能按设计条件完成中小型民用建筑的方案设计,并符合有关法规、规范等要求。"

看完大纲可以了解到,考核的建筑规模限定在低多层、中小型建筑,其他方面写得比较综合,没有太多的指向性。因此,本书只能从历年真题的成果要求、试题条件、设计过程的推导逻辑及评分标准中去寻求更多的线索。

第一节 从成果要求看考核目标:平面的空间组合

回顾从 2003 年以来注册考试建筑设计真题(表 4-1-1),可以看到所考的建筑类型是十分广泛的。

建筑设计历年真题一览表(包括一级、二级)　　　　表 4-1-1

年份	建筑类型(二级)	建筑类型(一级)
2003	老年公寓(1800m^2)	航站楼(14140m^2)
2004	校园食堂(2100m^2)	医院病房楼(2168m^2)
2005	汽车专卖店(2500m^2)	法院审判楼(6340m^2)
2006	陶瓷博物馆(1750m^2)	城市住宅(14200m^2)
2007	图书馆(2000m^2)	旧厂房改扩建——体育俱乐部(6470m^2)
2008	艺术家俱乐部(1700m^2)	公共汽车客运站(8165m^2)
2009	基层法院(1800m^2)	大使馆(4700m^2)
2010	帆船俱乐部(1900m^2)	门急诊楼改扩建(6355m^2)
2011	餐馆(2000m^2)	图书馆(9000m^2)
2012	单层工业厂房改建社区休闲中心(2050m^2)	博物馆(10000m^2)
2013	幼儿园(1900m^2)	超市(12500m^2)
2014	消防站(2000m^2)	老年养护院(7000m^2)
2017	社区服务综合楼(1950m^2)	旅馆扩建(7900m^2)
2018	旧建筑改扩建——婚庆餐厅(2600m^2)	公交客运枢纽站(6200m^2)
2019	某社区文体活动中心(2150m^2)	多厅电影院(5900m^2)
2020	游客中心设计(1900m^2)	遗址博物馆(5000m^2)
2021	古镇文化中心设计(1600m^2)	学生文体活动中心(6700m^2)
2022	社区老年养护院设计(1660m^2)	考试测评综合楼(6900m^2)
2022年冬	成人救助中心(2060m^2)	数据应用科普中心(7500m^2)
2023	湿地公园服务中心(1900m^2)	安全教育中心(6500m^2)

虽然建筑设计每年考的建筑类型不同,但从成果上看考的都是平面,要求是在规定的时间内完成一张总图及一、二层平面图的设计与绘制,并要求将一层平面图与总图画在一起。因此可以确定,建筑设计的考核目标是平面的空间组合。

对于平面的空间组合，其决定性因素是功能关系，彭一刚先生的经典著作《建筑空间组合论》中对此有详细的论述，功能与空间的关系主要分为两部分：

（1）功能对单一空间形式的规定性，即功能对单一空间量、形、质的要求。概括地说，量指的是房间的面积及高度，形即房间的形状，质是房间的采光朝向、景观视野及门窗设置等。

（2）功能关系对多空间组合形式的规定性，也可以说它们之间是拓扑同构的。空间组合形式包括走道式、单元式、广厅式、串联式、主从式。从拓扑学的角度，可以对其再进行简化，走道式、单元式及广厅式甚至主从式都是通过某一个空间将其他空间整合成一个整体，这个空间可以是走廊、交通核、门厅或某个主体空间，它们是一类空间，可以统称为并联式空间；另外一种是串联式空间，即各空间相互串通形成一个整体。当然，如果将并联式再细分，还可以将广厅式及主从式这两种类似的空间组合合并为一种，都是大的母空间并联着许多小的子空间，可以称其为子母式。这样来看，空间组合形式就变成了：串联式、并联式，其中并联式包含了子母式。

对功能关系进行描述，最恰当的语言是气泡图，它通常也是题目条件之一，因此，读懂气泡图所表达的功能关系，也就了解了最终答案的空间组合形式，比如用气泡图将《建筑空间组合论》中的空间组合形式表达出来，即图 4-1-1，以气泡图方式表达简化后空间组合关系，即图 4-1-2。

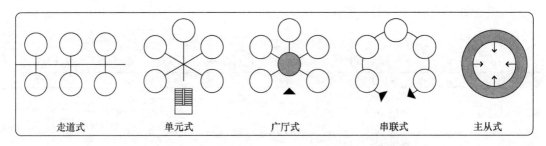

图 4-1-1　《建筑空间组合论》中的五种空间组合形式

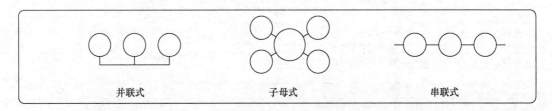

图 4-1-2　简化后三种空间组合形式

以 2018 年婚庆餐厅题目中的气泡图为例，题目只给了厨房区域的详细气泡图（图 4-1-3），可以看到，库区内部为并联式，加工区内主副食的粗加工区与细加工区为串联式的，而在大的区块方面，管理区与餐厅区、加工区与餐厅区是串联式，而库区、管理区及加工区的关系是并联式。有些关系在气泡图上反映得并不直接，这就需要对气泡图进行变换。

气泡图的变换是非常重要的，其实考试的主要解题过程就是从气泡图到平面图的拓扑变换过程。这一点可以从保罗·拉奇的《图解思考》里的经典图解（图 4-1-4）中看出来，气泡图与平面图为对应关系：第一个图解反映的是气泡图简化，理清气泡的串并联关系，

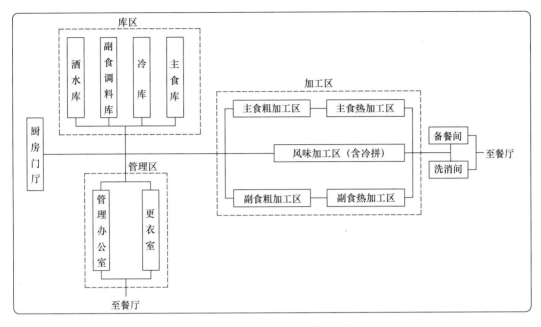

图 4-1-3 2018年真题（婚庆餐厅）的气泡图

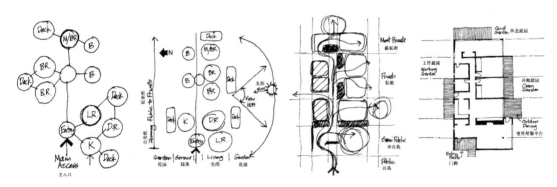

图 4-1-4 从气泡图到平面图的拓扑变换过程

类似于电路的等效变换（图 4-1-5）；第二个图解反映的是气泡图深化与固化，依据场地的内外走向（内外轴）及朝向（南北轴）对气泡进行变换，将气泡位置固定下来；第三个图解反映的是气泡图量化，可以看到基本网格的存在，并在此基础上对气泡进行量化；第四个图解反映的是气泡图细化，平面图基本上已经可以确定下来。

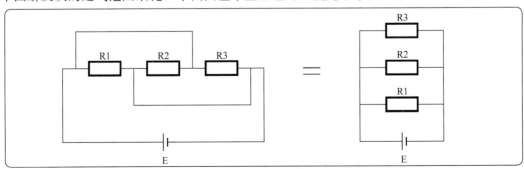

图 4-1-5 电路的等效变换

2018年婚庆餐厅题目中的气泡图,将餐厅区补齐后对它进行简化,功能区的串并联关系可以清晰地看出来,经过适当的调整,平面的大轮廓已经浮现(图4-1-6)。

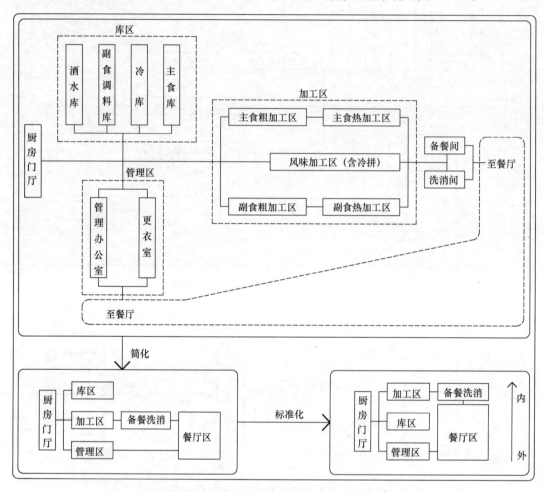

图4-1-6 2018年真题(婚庆餐厅)气泡图变换

总结上述内容,本节的内容包含如下几点:
(1)建筑设计的考核目标是平面空间组合。对于空间组合,其决定性因素是功能关系。
(2)功能对于单一空间有量、形、质的要求,功能关系与多空间组合是拓扑同构关系。
(3)功能关系或者说多空间组合形式有两种:串联式、并联式。
(4)对功能关系最恰当的描述语言是气泡图。
(5)气泡图变换很重要,考试的主要解题过程就是从气泡图到平面图的拓扑变换过程。

第二节 从试题条件看信息描述:文字说明、面积表、气泡图、场地总图

试题条件都是指向成果的,是对成果的碎片化信息描述,场地总图描述的是环境信息;面积表提供房间量化信息及房间归属的分区信息,备注部分为房间细化信息;气泡图

表达了分区或房间的功能关系信息；文字说明包含许多设计要求及作图要求的补充信息（图 4-2-1、图 4-2-2）。

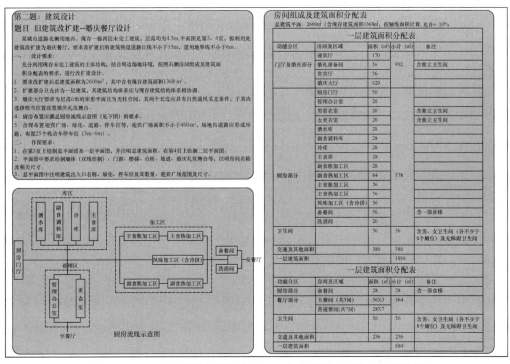

图 4-2-1 2018年真题的题目条件一：文字说明、面积表、气泡图

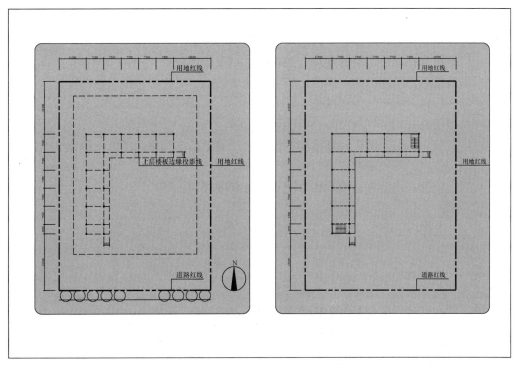

图 4-2-2 2018年真题的题目条件二：总平面图及一层答题纸、二层平面答题纸

一、试题信息的完备性

试题条件的信息越完备,答案的不确定性就越小。那么这些试题信息是否完备,如果不完备还需要哪些外部的补充信息,明确这些补充信息并对其把握是考生复习的重点内容。

从《建筑空间组合论》中可以看到,单一空间(房间)的完备信息应包括量、形、质三个属性的信息,量的信息在题目中是完备的,包含在面积表当中;形的信息在试题条件中一般并未特别说明,常规为长方形(长宽比不大于2∶1),属于设计常识;质的信息通常是房间细化信息,比如备餐间含有一部食梯,婚庆大厅两个长边采光,卫生间上下对位等,这部分信息包含在文字说明及面积表的备注中,也有一部分属于设计原理信息及规范信息。

多空间组合形式的完备信息包括:分区从属信息,即每个房间属于哪个分区,在题目的面积表中是完备的;分区关系信息,即分区及重要房间的串并联关系,在气泡图中有所表达,只不过有时需要根据文字信息进行适当的补充并经过拓扑变换才能更清晰地展现;分区定位信息,这是设计过程中依据场地分析及房间或分区的对接信息来综合确定的;分区空间组合方式要依据气泡图的功能关系及设计原理来确定其适当的类型。

可以看到,除了题目条件信息外,还要掌握部分设计原理信息、规范信息,才能使得设计过程中所需要的信息尽可能地完备。

二、试题信息再分类

试题条件中,文字说明、面积表、气泡图、场地总图这种分类方式其实只是以信息类型进行分类,从解题的角度,应以设计过程中所要进行设计操作需求对题目条件进行重新分类,只有这样,才能使读题过程与解题过程相协调,依据这种视角题目条件应分为:

(1) 总体信息:建筑类型、层数层高、一层和二层面积、覆盖率等,用于总体控制。
(2) 用地信息:周边道路、建筑、景观等,用于场地分析。
(3) 场地信息:场地内的停车位、广场、活动场地、绿化等,用于总图设计。
(4) 分区信息:用于气泡图深化。
(5) 对接信息:用于气泡图与总图的环境对接。
(6) 量化信息:房间面积及其数据特征,用于确定基本网格及气泡图量化。
(7) 细化信息:房间细致要求,用于平面深化设计。
(8) 表达信息:用于表达阶段的绘图方式与深度控制。

第三节 从条件转化看解题过程:信息整合

本质上,所有考试的解题过程都是从题目条件到答案的推理过程,以图解的方式来表达就是两点一线的模型(图4-3-1),题目条件为一个点,答案是另一个点,那么连线就是解题过程,它的细致结构正是考生要掌握的最关键部分。

对题目条件与答案进行深入分析后会发现,从信息类型上分,题目条件包含文字类、表格类及图形类,答案是整合后的图形类信息;从信息维度上分,题目条件包括零维信息(只叙述某一点的信息,如文字说明中的大部分信息)、一维信息(叙述某一条线的信息,

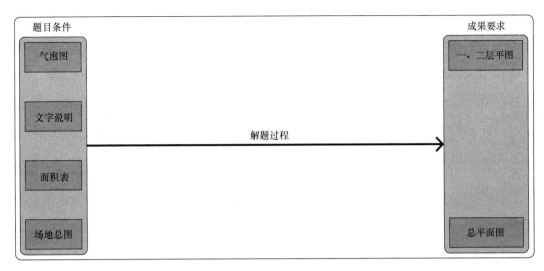

图 4-3-1 解题过程的图解表达

如提供所有房间面积属性的面积表）及不完全二维信息（气泡图及场地总图可以看作有待完成的平面与总图），答案是相对完全二维信息。解题过程就是将条件信息进行整合的过程，或者说是将非图类信息综合到不完全二维图类信息中，形成相对完全的二维图类信息（总图与平面图）。

其中气泡图与平面图、场地总图与总平面图为对应关系，文字说明及面积表的信息需要分类、综合到气泡图及场地总图中，整个的解题过程伴随着两类操作，即读题（信息分类）和解题（信息综合），图解表达详见图 4-3-2。

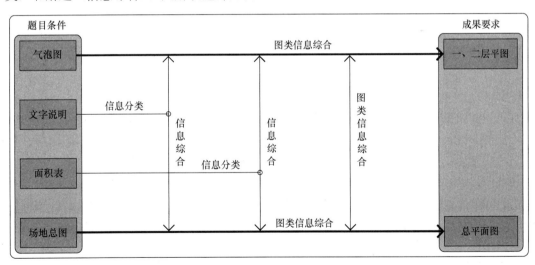

图 4-3-2 解题过程的信息分类与综合

依据前文叙述，信息依据解题的需求可分为总体、用地、场地、对接、分区、量化、细化、表达共八类信息，它们存在于文字说明及面积表当中。读题是将这八类信息抽离出来，解题就是将相应的信息与气泡图、场地总图进行综合。

从场地总图到总平面图所要经历的图解操作包括：场地分析，将用地信息与场地总图进行综合；环境对接是将调整后的气泡图与总图进行对接，以确定相应气泡的大致位置，根据此位置就可以确定相应的场地位置（广场、停车位等）。再将场地信息综合进来，那么场地的草图也就设计出来了。

从气泡图到平面图所要经历的图解操作包括：气泡图深化，将分区信息、设计原理信息综合到气泡图中并理清气泡的串并联关系；然后与总图进行环境对接，将气泡位置固化；依据面积表的量化信息确定基本网格，并以此为基础进行气泡图量化；再对分区进行细化，平面就设计出来了；最后根据表达信息将图纸画出，即完成了整个的解题过程（图4-3-3）。

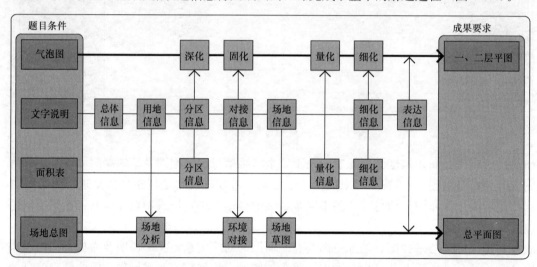

图4-3-3 解题过程的细致结构

第四节 从评分标准看考核重点：分区、流线、面积、规范图面

评分标准中每一项的分值可以看作是该考点权重，让应试者清晰地判断出考核重点。因此对评分标准的解读尤为重要，以最新的2018年真题评分标准为例（表4-4-1），可以看到总平面图15分，平面图75分，依据作图难度及单位时间得分率，便可以得出一个极有价值的结论：无论设计做得如何，总图分一定要拿全；平面是本科考试的核心内容，分区、流线和面积可以说是控制平面的三要素，在评分标准中均对应着较大的分值；最后加上规范和图面要求，就构成了整个评分标准的主体。下面分述如下：

（1）分区：内外分区要明确，这是平面设计的首要因素，如2018年的婚庆餐厅题目，餐厅区域与厨房区域是一定要分开的；2009年的法院题目，内区与外区要自成封闭区域，具体做法详见真题解析部分。

（2）流线：要依据使用功能及气泡图的功能联系来确定分区及房间的连接方式。

（3）面积：题目要求总面积及重要空间的面积控制在±10%以内，照做即可。

（4）规范：作图考试中所涉及的规范条目较少，基本上就是疏散及无障碍两个方面，通常包括：

① 疏散距离：房间疏散门与楼梯的距离，袋形走道<20m，两出口之间<35m；首层楼梯距室外出口<15m。

2018年建筑设计评分标准 表 4-4-1

考核内容		扣 分 点	扣分值	分值
建筑指标	指标	不在 2340m² <总建筑面积<2860m² 范围内,或总建筑面积未标注,或标注与图纸明显不符	扣5分	5
总平面图	布置	(1) 建筑物距道路红线小于15m,退用地界限小于6m	每处扣5分	15
		(2) 建筑退道路红线及用地红线距离未标注	每处扣1分	
		(3) 未绘制场地出入口或无法判断	扣5分	
		(4) 未绘制消防环路,机动车停车位	各扣5分	
		(5) 25个机动车停车位（3m×6m）数量不足或车位尺寸不符［与本栏（4）条不重复扣分］	扣2分	
		(6) 机动车停车位布置不合理［与本栏（4）条不重复扣分］	扣2分	
		(7) 道路、绿化设计不合理	扣3~5分	
		(8) 未布置婚庆迎宾广场	扣5分	
		(9) 婚庆广场布置不合理或面积不足400m²［与本栏（8）条不重复扣分］	扣1~3分	
		(10) 未标注迎宾广场尺寸［与本栏（8）条不重复扣分］	扣2分	
		(11) 其他不合理	扣1~3分	
平面设计	房间组成	(1) 未按要求设置房间,缺项或数量不符	每处扣2分	10
		(2) 婚庆大厅建筑面积不满足题目要求（558~682m²）	扣5分	
		(3) 其他房间建筑面积不满足题目要求	扣2~5分	
		(4) 房间名称未注,注错或无法判断	每处扣1分	
	门厅及婚庆部分	(1) 婚庆大厅内设置框架柱	扣10分	20
		(2) 婚庆大厅长宽比≥2	扣5分	
		(3) 婚庆大厅两个长边不具备自然采光条件,或任一采光面小于1/2墙身长度	扣10分	
		(4) 婚礼准备间、贵宾间与婚庆大厅联系不便	每处扣5分	
		(5) 迎宾厅位置不合理	扣5~10分	
		(6) 迎宾厅与婚庆大厅、卫生间联系不便	扣5分	
		(7) 迎宾厅与二层雅间联系不便	扣5分	
		(8) 男、女卫生间未布置或其厕位数量均小于8个	扣2~5分	
		(9) 扩建部分为二层或局部拆除现存建筑	各扣10分	
		(10) 其他不合理	扣1~3分	

续表

考核内容		扣分点	扣分值	分值
平面设计	厨房部分	（1）厨房功能区与婚庆功能区、二层雅间区流线混杂	扣5~10分	25
		（2）不满足题目给出的厨房流线示意图分区要求	扣10~15分	
		（3）管理办公室、男女更衣室未位于厨房功能区内	扣3~5分	
		（4）酒水库、副食调料库、冷库、主食库等房间与厨房门厅、加工区联系不合理	扣2~4分	
		（5）主食加工区、副食加工区、风味加工区与备餐间联系不合理	扣2~4分	
		（6）洗消间、备餐间、婚庆大厅相互联系不合理	扣2~4分	
		（7）主食加工区、副食加工区、风味加工区相互之间流线交叉	扣5分	
		（8）厨房出入口未设坡道或设置不合理	扣3分	
		（9）扩建部分为二层或局部拆除现存建筑	各扣10分	
		（10）其他不合理	扣1~3分	
	结构布置	（1）扩建部分结构布置不合理或结构形式与原有建筑结构体系不协调	扣5~10分	10
		（2）扩建部分结构与原有建筑结构衔接不合理	扣5~10分	
		（3）婚庆大厅层高不足6m或无法判断	扣2分	
	规范要求	（1）婚庆大厅安全出口数量少于2个	扣3分	5
		（2）厨房、餐厅上部设置卫生间	扣3分	
		（3）主要出入口未设置残疾人坡道或无障碍出入口	扣3分	
		（4）疏散楼梯距最近出入口距离大于15m	扣3分	
	其他	（1）除厨房加工区、备餐间、洗消间、库房外，其他功能房间不具备直接通风采光条件	每间扣2分	5
		（2）门、窗未绘制或无法判断	扣1~3分	
		（3）平面未标注柱网尺寸	扣3分	
		（4）其他设计不合理	扣1~3分	
图面表达		（1）图面粗糙，或主要线条徒手绘制	扣2~5分	5
		（2）建筑平面绘图比例不一致，或比例错误	扣5分	

一、全部拆除现存建筑者，一层或二层未绘出者，本题总分为0分。
二、平面图用单线或部分单线表示，本题总分乘0.9。
第二题得分：小计分×0.8=

② 无障碍设计：出入口设置无障碍坡道、公共区域设置无障碍电梯及无障碍卫生间，无障碍卫生间的设置题目会明确要求。

（5）图面：要求在题目的作图要求中明确给出，表达部分按要求作答即可。

纵观这些采分点，其实大部分都在题目的作图要求中写明，只有少量的规范及原理信息需要补充，因而题目答完后再复读一下题目要求就十分必要，最终复核这一步必不可少。

第五章 解题步骤

第一节 题目的线性解题步骤

依据上节所推导的解题过程的细致结构,可以将它们进行综合并分为线性的五步(图5-1-1)作为最终的解题步骤进行把握。

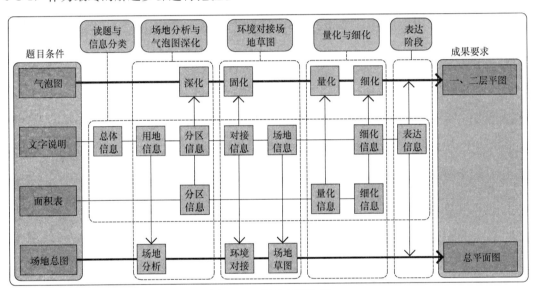

图 5-1-1 线性解题步骤

一、读题与信息分类

读题并进行信息分类,将信息分为总体、用地、场地、对接、分区、量化、细化、表达共八类。

二、场地分析与气泡图深化

场地分析:将用地信息与场地总图进行综合,确定场地的内外分区走向及朝向。

气泡图深化:将气泡图进行整理,清晰反映空间组合的串并联关系,将分区信息综合到气泡图中,再按内外轴走向将气泡进行分区排布,以便更好地与场地环境进行对接。

三、环境对接及场地草图

环境对接:将深化气泡图放入场地,根据气泡位置、出入口与场地条件的关系来决定是否进行调整。确定气泡位置后,将场地位置也相应地确定下来,并以草图的形式画出总图的草图。

四、量化与细化

量化：依据房间量化信息的数据特征确定基本网格，依据基本网格的单元面积大致确定各层、各气泡的格数，将气泡图在基本网格上以草图的形式画出来。

细化：依据细化信息调整每个分区的房间以适应所有细化信息要求，确定最终方案平面草图。

五、表达阶段

依据作图要求将总图草图及平面草图绘制成最后的正式图。

至此，解题步骤确定下来，下面以2018年的真题婚庆餐厅为例，对上述步骤进行详细解析。

第二节 2018年真题婚庆餐厅设计解析

一、题目：旧建筑改扩建——婚庆餐厅设计

某城市道路北侧用地内，现存一栋2层未完工建筑，层高均为4.5m，平面图见图5-2-1及图5-2-2，拟利用此建筑改扩建为婚庆餐厅，要求改扩建后的建筑物退道路红线不小于15m，退用地界线不小于6m。

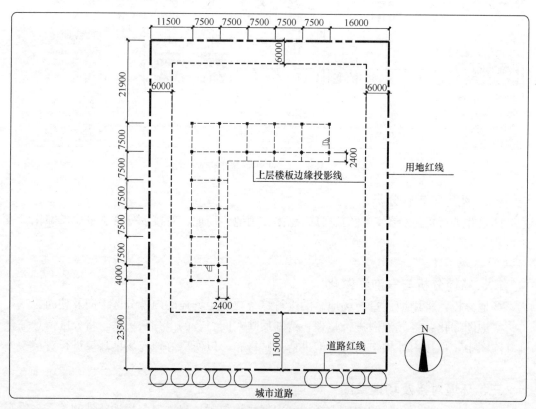

图 5-2-1 总平面图及一层平面图答题纸

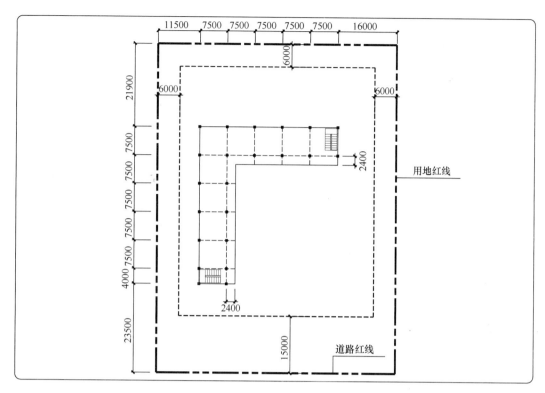

图 5-2-2 二层平面图答题纸

(一) 设计要求

充分利用现存未完工建筑的主体结构,结合周边场地环境,按照右侧房间组成及建筑面积分配表的要求,进行改扩建设计。

(1) 要求改扩建后总建筑面积为 2600m²,其中含有现存建筑面积 1368m² (表 5-2-1)。

(2) 扩建部分只允许为一层建筑,其建筑结构体系应与现存建筑结构体系相协调。

(3) 婚庆大厅要求为层高 6m 的矩形平面且为无柱空间,其两个长边应具有自然通风采光条件,于其内选择恰当位置设置婚庆礼仪舞台。

(4) 厨房布置应满足厨房流线示意图 (图 5-2-3) 的要求。

(5) 合理布置迎宾广场、绿化、道路、停车位等,迎宾广场面积不小于 400m²,场地内道路应形成环路,布置 25 个机动车停车位 (3m×6m)。

(二) 作图要求

(1) 绘制总平面图及一层平面图,并注明总建筑面积;绘制二层平面图。

(2) 平面图中要求绘制墙体(双线绘制)、门窗、楼梯、台阶、坡道、婚庆礼仪舞台等,注明房间名称及相关尺寸。

(3) 总平面图中注明建筑出入口名称、绿化、停车位及其数量、迎宾广场范围及尺寸。

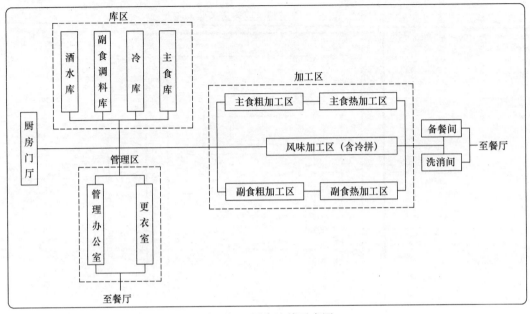

图 5-2-3 厨房流线示意图

房间组成及建筑面积分配表　　表 5-2-1

一层建筑面积分配表				
功能分区	房间及区域	面积（m²）	小计（m²）	备注
门厅及婚庆部分	迎宾厅	170	902	
	婚礼准备间	56		含独立卫生间
	贵宾厅	56		
	婚庆大厅	620		
厨房部分	厨房门厅	50	578	
	管理办公室	20		
	男更衣室	20		含独立卫生间
	女更衣室	20		含独立卫生间
	酒水库	28		
	副食调料库	28		
	冷库	28		
	主食库	28		
	副食粗加工区	28		
	副食热加工区	84		
	主食粗加工区	56		
	主食热加工区	56		
	风味加工区（含冷拼）	56		
	备餐间	56		含一部食梯
	洗碗间	20		

续表

一层建筑面积分配表			
功能分区	房间及区域	面积（m²）	小计（m²）	备注
卫生间		56	56	含男女卫生间（各不少于8个厕位）及无障碍卫生间
	交通及其他面积	380	380	
	一层建筑面积		1916	

二层建筑面积分配表			
功能分区	房间及区域	面积（m²）	小计（m²）	备注
厨房部分	备餐间	28	28	含一部食梯
餐厅部分	大雅间（共3间）	56×3	364	
	普通雅间（共7间）	28×7		
卫生间		56	56	含男女卫生间（各不少于8个厕位）及无障碍卫生间
	交通及其他面积	236	236	
	二层建筑面积		684	

总建筑面积：2600m²（含现存建筑面积1368m²），按轴线面积计算，允许±10%。

二、解析

（一）读题与信息分类

在读题阶段，需要进行信息分类的主要是文字说明部分，具体分类见图5-2-4，面积

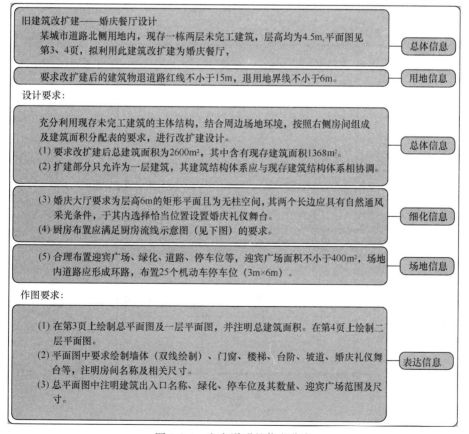

图5-2-4 文字说明的信息分类

表部分的信息就是分区信息、量化信息及部分房间细化信息。

具体的分类结果如下：

（1）总体信息：改扩建：看看基地中原有建筑状况；婚庆餐厅：考的是餐厨关系，这是二级建筑设计经常考的内容；面积：2600m^2，现存1368m^2（即每层684m^2），要加建1232m^2；一层1916m^2，二层684m^2，即加建部分均为一层；层数与层高：餐厅一层，层高6m；其他为两层，层高4.5m。

（2）用地信息：道路：南侧为城市道路；退线：退道路红线不小于15m，退用地界限不小于6m。

（3）场地信息：迎宾广场面积不小于400m^2，布置25个机动车停车位。

（4）分区信息：从气泡图及面积表可以看出，分为门厅及婚庆区和厨房区。

（5）量化信息：原有柱网7.5m，单元面积为56.25，面积表数字特征为28、56；等，可以确定柱网为7.5m；房间量化信息详见面积表。

（6）细化信息：餐厅无柱，两长边采光，其他房间细化信息详见面积表备注部分。

（二）场地分析与气泡图深化

场地分析：将用地信息及场地信息反映到总图上，如根据退线信息确定建筑控制线；根据周边环境确定内外轴；根据指北针确定南北轴，并将场地信息标注于总图上以备忘（图5-2-5）。

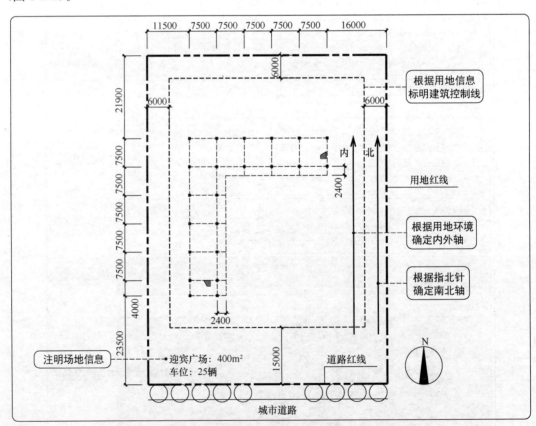

图5-2-5 场地分析

气泡图深化：将分区信息反映到气泡图上，并根据内外分区适当变形（图 5-2-6）。

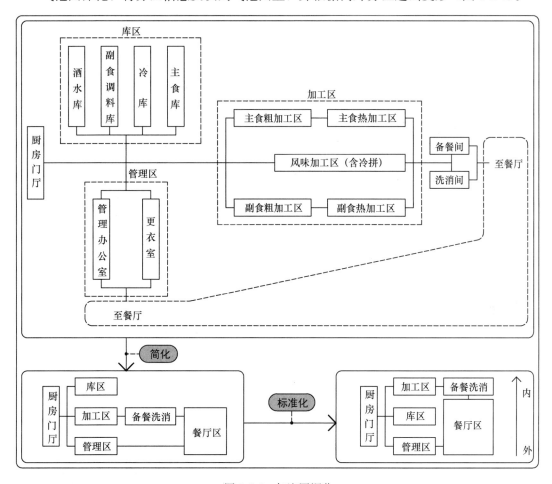

图 5-2-6 气泡图深化

（三）环境对接及场地草图

环境对接相当于总图与气泡图的信息综合，将深化后的气泡图以草图的形式反映到总图上，查看气泡、出入口与环境的关系，本题中主要观察的是气泡图的内外分区与场地的内外轴是否一致，对接完成后气泡的位置大体确定下来，据此布置车位广场等场地（图 5-2-7）。

场地草图的内容包括：在主入口处布置不小于 $400m^2$ 的迎宾广场及部分车位，由于题目要求的车位较多，还有部分车位只能停于北侧，并设置环形车道，以草图的方式将场地的位置大致确定下来（图 5-2-8），后期表达阶段将据此绘制总平面图。

（四）量化与细化

确定基本网格：依据面积表数据特征，可以看到很多 28、56、84（即 28+56）的数据，大空间有 170、620，也基本上是 56 的倍数，再看原有建筑柱网为 7.5m×7.5m，7.5m 柱网的单元面积为 $56.25m^2$，显然加建部分延续原有柱网是最合理的方式（图 5-2-9）。

气泡量化：将各区面积汇总后除以柱网单元面积，即可得出各区所占据的网格大小，即气泡大小，如库区 $108m^2$，为 2 格；卫生间 $56m^2$，为 1 格；管理区为 $60m^2$，为 1 格；加工区 $353m^2$，为 6 格；餐厅区为 $898m^2$，为 16 格。

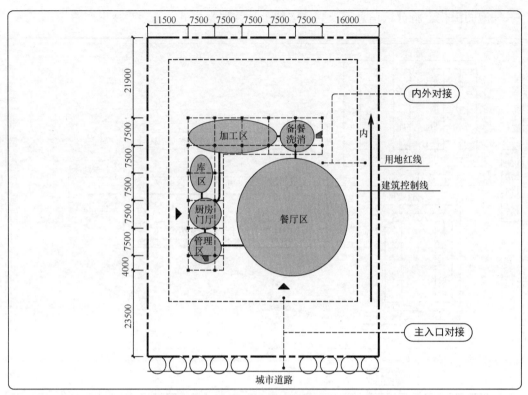

图 5-2-7 环境对接

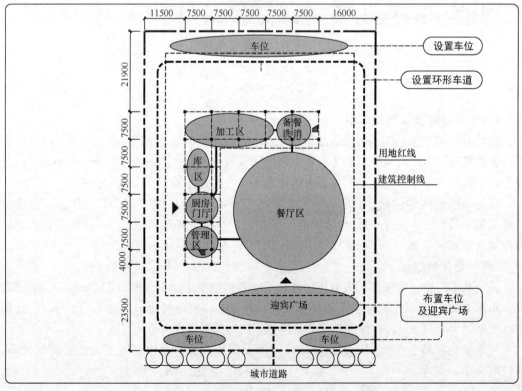

图 5-2-8 场地草图

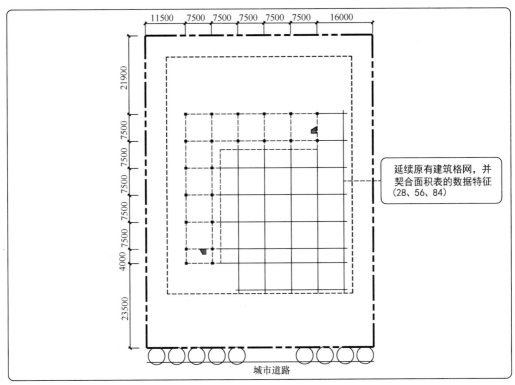

图 5-2-9 确定基本网格

将这些气泡反映到基本网格上,进行适当的调整,气泡图量化即初步完成(图 5-2-10)。

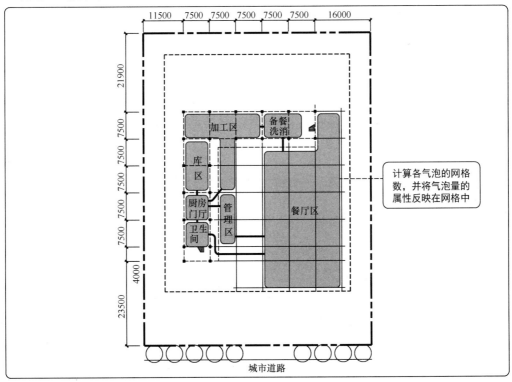

图 5-2-10 气泡量化

细化：依据细化信息对平面进行深化，如梳理水平交通系统，处理加工区内流线关系，婚庆大厅部分左侧设置内院以保证2个长边可以采光等，当细化信息均在图上进行了相应的处理，平面设计完成（图5-2-11、图5-2-12）。

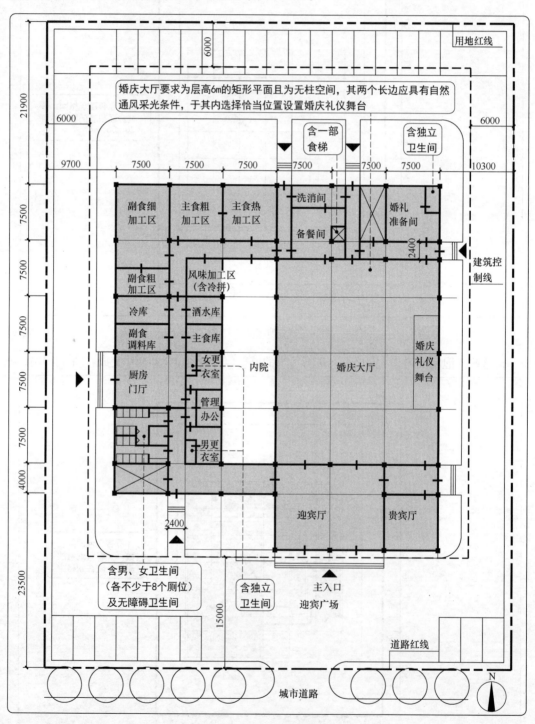

图 5-2-11　一层平面细化图

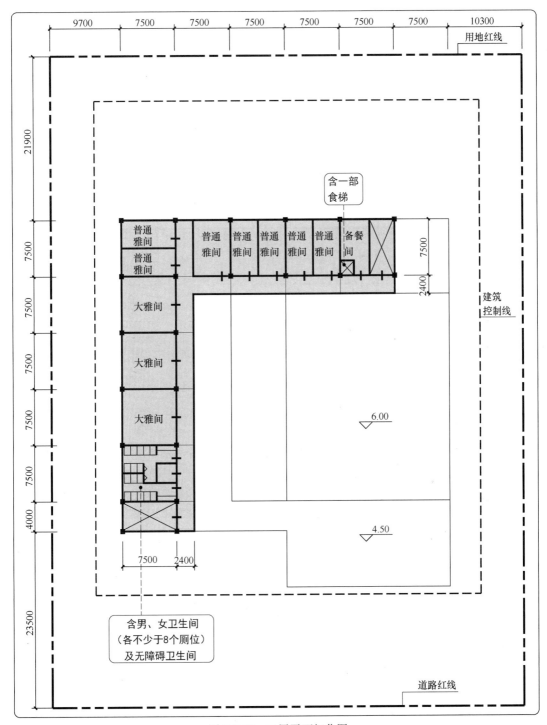

图 5-2-12 二层平面细化图

(五) 表达阶段

依据文字说明中的作图要求进行作图即可,与一级方案作图不同的是要画窗,卫生间要布置洁具,其他的没有什么特殊要求(图 5-2-13、图 5-2-14)。

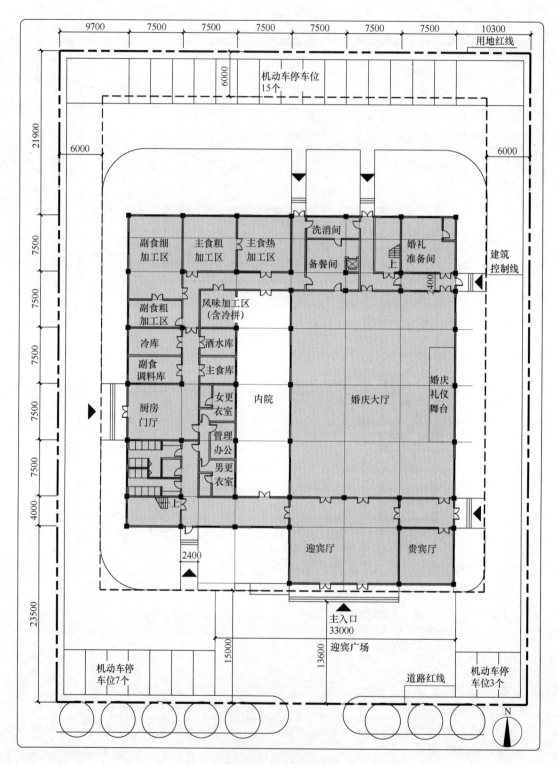

图 5-2-13 一层平面图

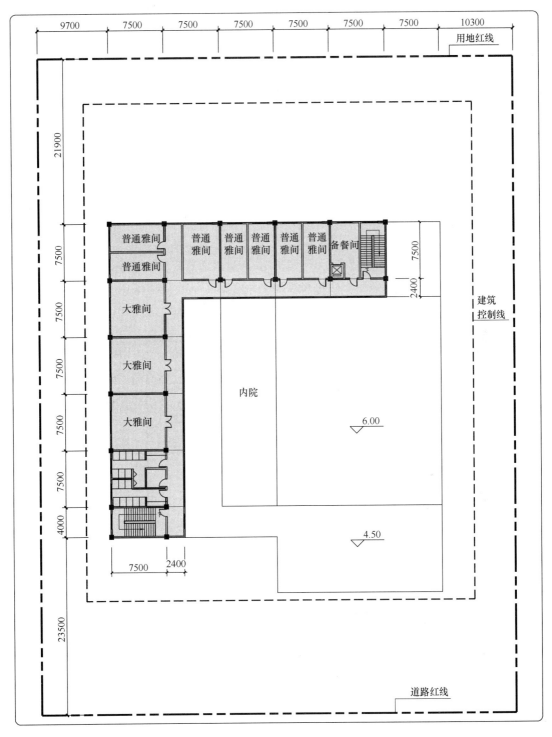

图 5-2-14　二层平面图

第六章 真题及模拟题解析

第一节 老年公寓（2003年）

一、题目

（一）设计条件

某居住区内拟建一座22间居室的老人院，建筑为2层，允许局部1层，基地内湖面应保留（图6-1-1）。建筑退道路红线大于等于5m，退用地界限大于等于3m，主入口和次入口分设在两条道路上，入口中心距道路红线交叉点要求不小于30m。

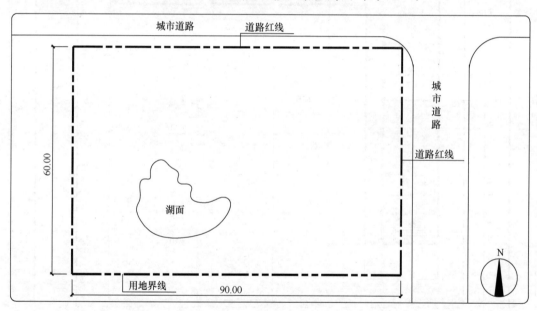

图6-1-1 场地总图

（二）建筑规模

总建筑面积1800m²（面积均按轴线计算，允许±10%）（表6-1-1、表6-1-2）。

公共部分建筑面积　　　　　　　　　表6-1-1

房间名称	房间数量（间）	面积
门厅（含总服务台、休息室）	1	120m²
餐厅	1	120m²
厨房	1	120m²
棋牌室、书画室各一间	2	80m²×2
医疗室、保健室各一间	2	20m²×2
公共厕所	1	40m²

居住部分建筑面积　　　　　　　　　　表 6-1-2

房间名称		房间数量（间）	面积
老人居室（有独立卫生间）		22	阳台不计面积
其中	普通居室	20	30m²×20＝600m²
	无障碍居室	2	33.75m²×2＝67.5m²
服务员室		2	20m²×2＝40m²
被服室		2	20m²×2＝40m²
服务员卫生间		2	10m²×2＝20m²
开水间		2	10m²×2＝20m²

（三）设计要求

（1）所有老人居室均为带有独立卫生间和阳台的双床间，要求全部朝南，其中两间为可供乘轮椅者使用的无障碍居室（图 6-1-2），普通居室开间宜为 4m。

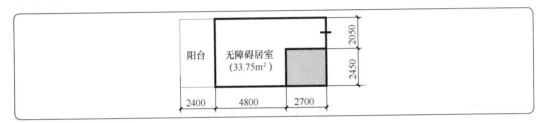

图 6-1-2　无障碍居室图示

（2）无障碍居室布置在底层，其余居室分为两个服务单元布置，每个单元均设服务员室、被服室、服务员卫生间、开水间。

（3）通行二层的楼梯应采用缓坡楼梯，踏步尺寸宽不小于 320mm，高度不大于 130mm，层高统一按 3.0m 考虑。

（4）公共厕所要求分设男女厕所，内设残疾人厕位。

（5）建筑主入口应设轮椅通行坡道。

（四）作图要求

（1）总平面（与一层平面图合并绘制）

①主入口处布置 5 辆小客车停车位，其中一辆残疾人车位（应注明）。车位尺寸 3m×6m，残疾人车位 5m×6m。

②布置主、次入口及道路。

③布置庭院供老人活动。

（2）一、二层平面图

①老人居室和无障碍居室要求留出卫生间位置，家具不必布置，但应分别注明无障碍居室和普通居室。

②厨房不绘制内部分隔。

③公厕应布置卫生洁具及残疾人厕位。

④应绘制墙、柱、门、窗、台阶、坡道等，并注明供轮椅通行坡道的长度、宽度、坡度。

⑤注明开间、进深尺寸和建筑总尺寸。

⑥计算出总建筑面积＿＿＿m²。

二、解析
(一) 读题与信息分类（图 6-1-3）

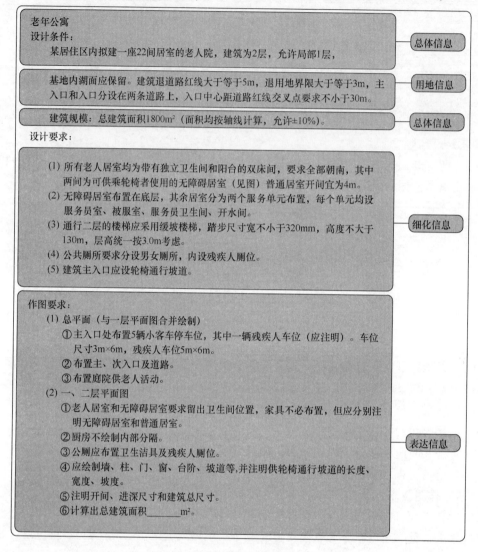

图 6-1-3　读题与信息分类

总体信息：老年公寓、总面积 $1800m^2$（±10%）；
用地信息：基地北侧、东侧为城市道路；
场地信息：停车位 5 个（4 个普通车位，1 个无障碍车位）；
量化信息：详见房间组成及面积数据；
功能关系信息：详见气泡图。

(二) 场地分析与气泡图深化

场地分析见图 6-1-4。

提炼气泡图：本题条件中未提供气泡图，需对面积表中房间进行分类，确定其功能关系，并将其用气泡图表达出来（图 6-1-5）。

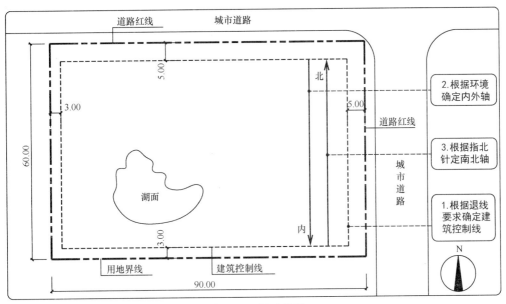

图 6-1-4 场地分析

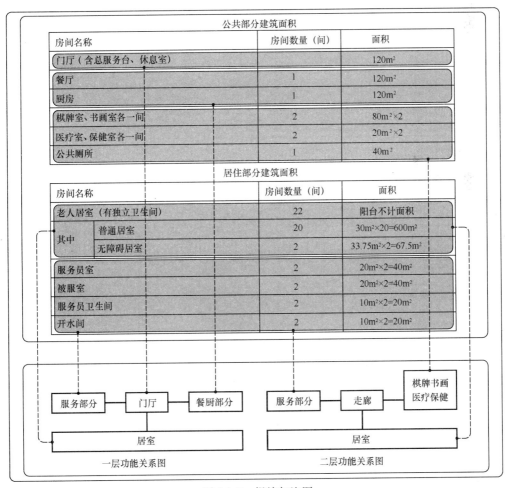

图 6-1-5 提炼气泡图

（三）环境对接与场地草图（图6-1-6、图6-1-7）

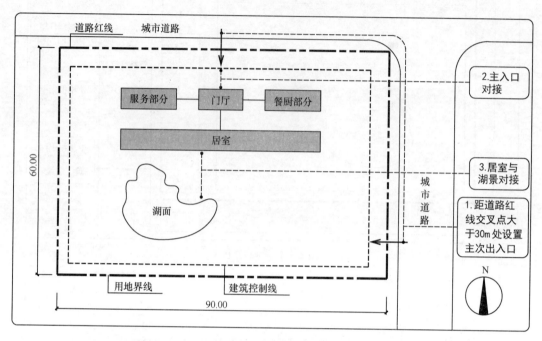

图 6-1-6　环境对接

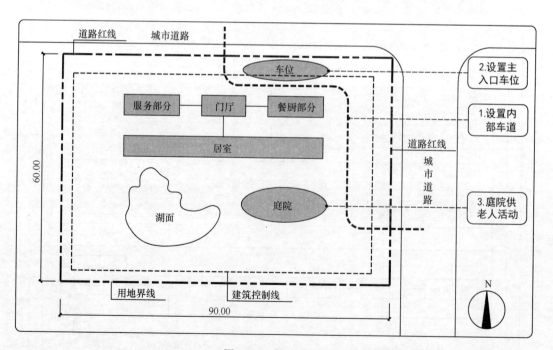

图 6-1-7　场地草图

(四) 量化细化 (图6-1-8～图6-1-11)

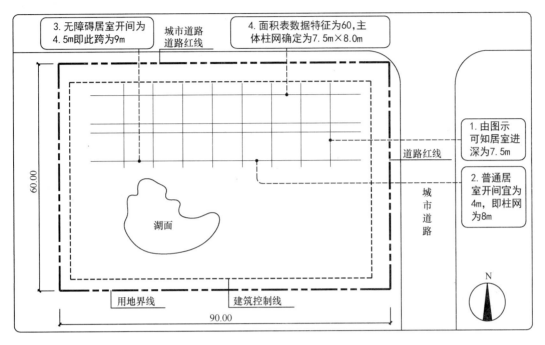

图 6-1-8 确定基本网格

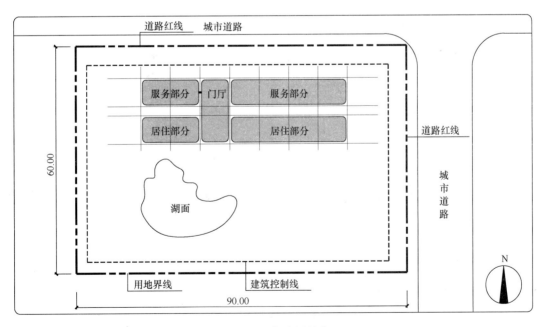

图 6-1-9 气泡图量化

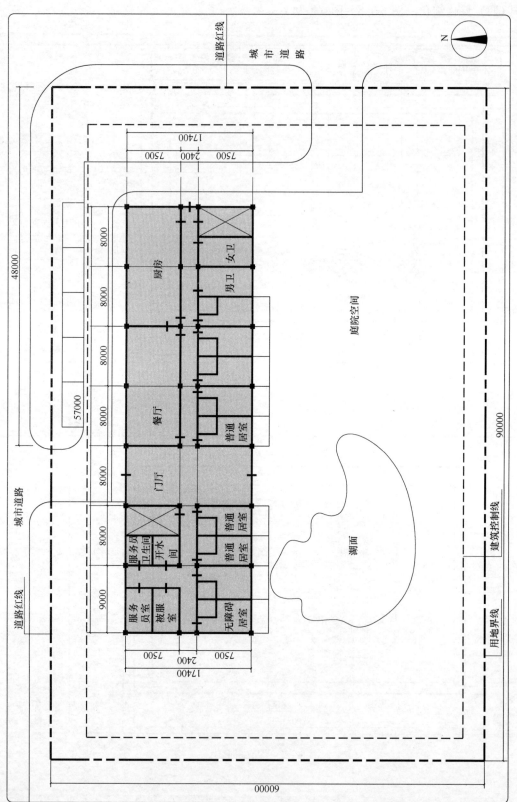

图 6-1-10 一层平面细化图

图 6-1-11 二层平面细化图

第二节 校园食堂（2004年）

一、题目

（一）任务要求

在我国北方某校园内，拟建一校园食堂，为校园内学生提供就餐场所。场地平面见图6-2-1，场地南面为校园干路，西面为校园支路，附近有集中停车场，本场地内不考虑停车位置，场地平坦不考虑竖向设计。

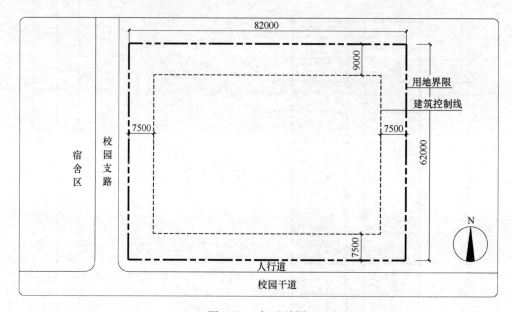

图 6-2-1 场地总图

（二）设计要求

功能关系见图6-2-2，根据任务要求、场地条件及有关规范画出一、二层平面图。各房间面积（表6-2-1）允许误差在规定面积的±10%（均以轴线计算），层高4.5m，采用框架结构，不考虑抗震。

（三）图纸要求

用绘图工具画出一层与二层平面图，可用单线表示，画出门位置及门的开启方向。标出轴线尺寸。标出各房间名称。标出地面、楼面与室外地坪的标高（公众入口处考虑无障碍坡道）。画出场地道路与校园道路的关系并标明出入口。

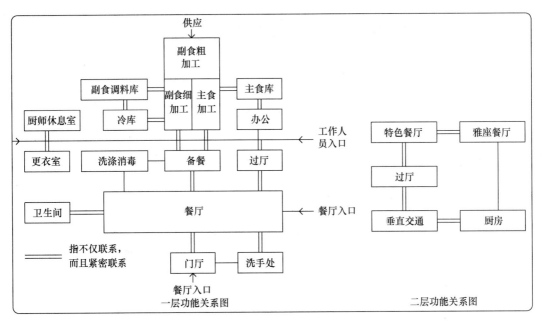

图 6-2-2 功能关系图

各部分面积与要求   表 6-2-1

房间类别	房间名称	面积（m²）	要求
一层（1487m²）	门厅	60	
	管理及售卡处	36	
	大众餐厅	640	
	男、女厕所	45	包括1个残疾人厕位
	楼梯	55	2部楼梯
	厨师休息室	18	
	更衣室	36	
	冷库	24	
	餐具洗涤消毒间	36	
	副食调料库	36	
	副食粗加工间	65	
	副食细加工间	120	
	主食加工间	120	
	主食库	36	
	备餐间	20	
	食梯	20	
	走廊	120	

续表

房间类别	房间名称	面积（m²）	要求
二层（613m²）	楼梯	50	
	食梯	20	
	厨房	130	
	雅座餐厅	75	
	特色餐厅	200	
	厨房休息间	18	
	走廊及过道	120	
总面积		2100m²	
总面积控制范围		1890～2310m²（总建筑面积的±10%）	

二、解析

（一）读题与信息分类（图 6-2-3）

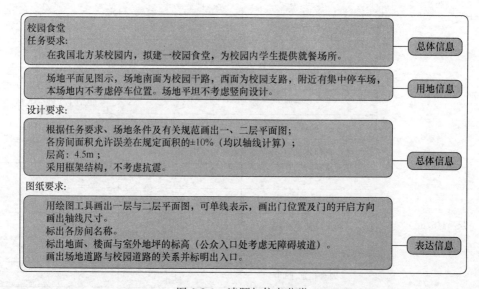

图 6-2-3　读题与信息分类

(二) 场地分析与气泡图深化（图 6-2-4、图 6-2-5）

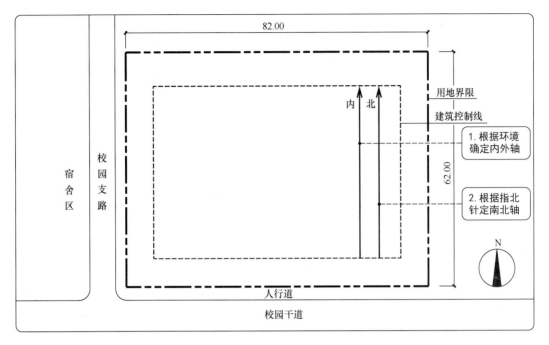

图 6-2-4　场地分析

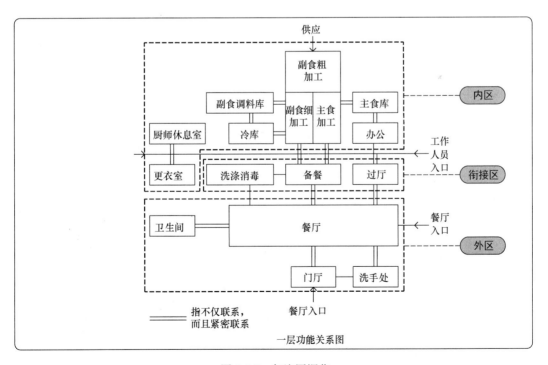

图 6-2-5　气泡图深化

（三）环境对接与场地草图（图6-2-6）

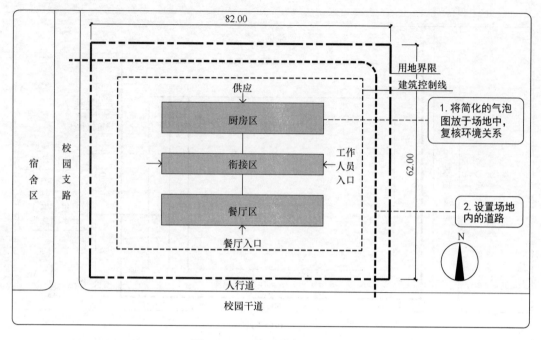

图6-2-6　环境对接与场地草图

（四）量化与细化（图6-2-7～图6-2-10）

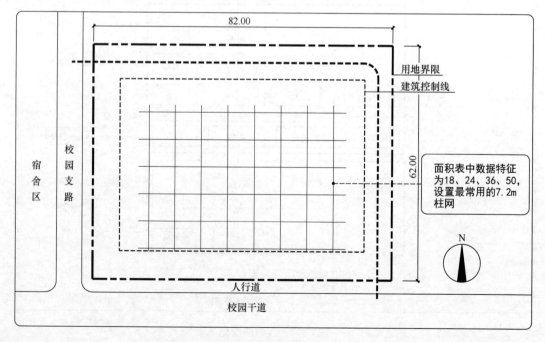

图6-2-7　基本网格确定

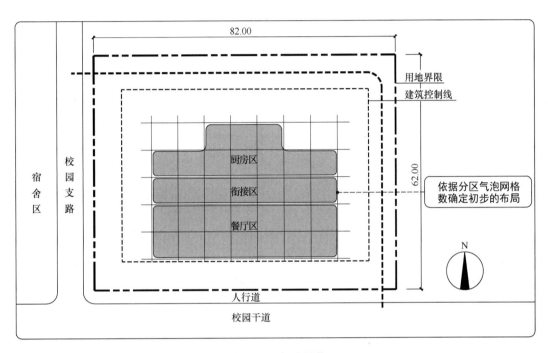

图 6-2-8 气泡量化

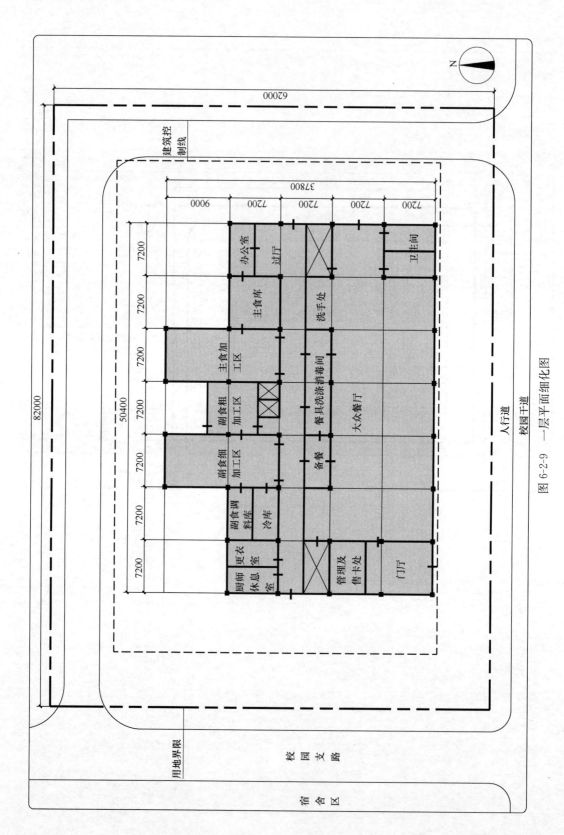

图 6-2-9 一层平面细化图

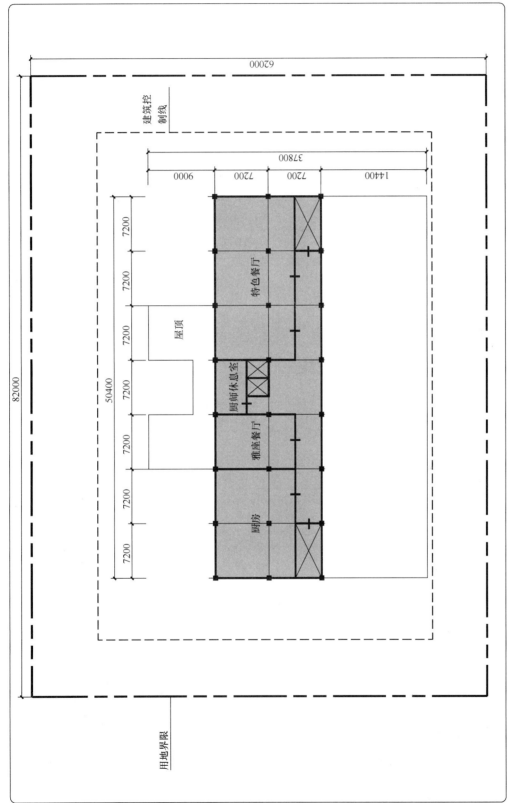

图 6-2-10 二层平面细化图

第三节 汽车专卖店（2005年）

一、题目
(一) 任务描述

某城市拟建一个汽车专卖店，面积 2500m² （±10%）。由主体建筑、新车库、维修车间三大部分组成（表 6-3-1）。

建筑面积要求 表 6-3-1

房间名称		面积 (m²)	备注
主体建筑	汽车展览厅	480	
	儿童游戏厅	60	
	接待、顾客休息	80	
	业务洽谈	40＋20＋20＋40	
	上牌	30＋30	
	会计、交费、保险	20＋20＋20	
	男女卫生间	20＋20	
	总经理办公、休息	30＋30	
	陈列室	60	
	俱乐部	60	
	办公室	180	4 间
	档案	30	
维修车间	车间	300	
	库房	50＋50	
新车库	新车库	300	要求停放 10 辆车

(二) 场地描述

地块基本为一个 90m×60m 的矩形，场地南侧为城市主干道，场地西侧为城市次干道，场地东侧为一般道路（可以用作回车道），场地北侧为一般道路（可以用作回车道），见图 6-3-1。

(三) 一般要求

(1) 四面退用地界线 3m，布置环形试车道；合理安排人行出入口；室外 10 个 3m×6m 的停车位。

(2) 汽车展厅朝向南侧主干道，三部分可连接也可以分开。

（四）制图要求

（1）用工具画出一层与二层平面图，一层平面应包括场地布置。
（2）标注总尺寸、出入口、建筑开间、进深及试车路线。
（3）画出场地道路与外部道路的关系。
（4）标出各房间名称与轴线尺寸。

（五）功能流线（图 6-3-2）

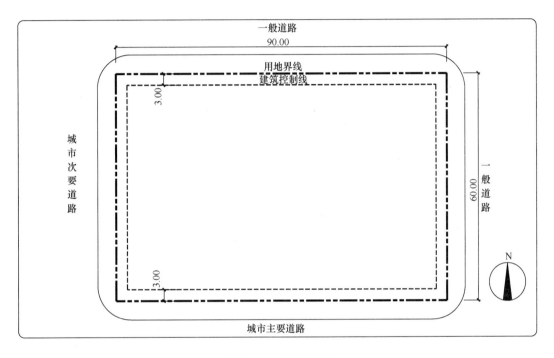

图 6-3-1　场地总图

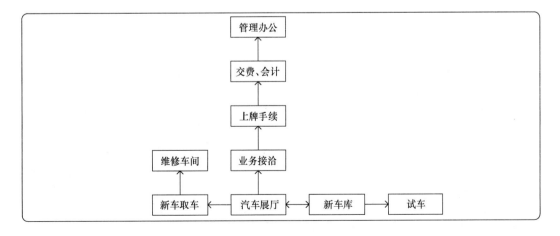

图 6-3-2　功能流线关系图

二、解析
(一) 读题与信息分类 (图 6-3-3)

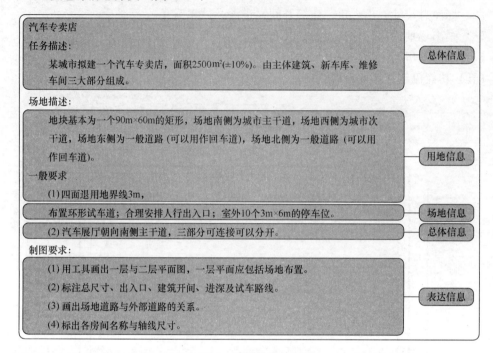

图 6-3-3 读题与信息分类

(二) 场地分析与气泡图深化 (图 6-3-4、图 6-3-5)

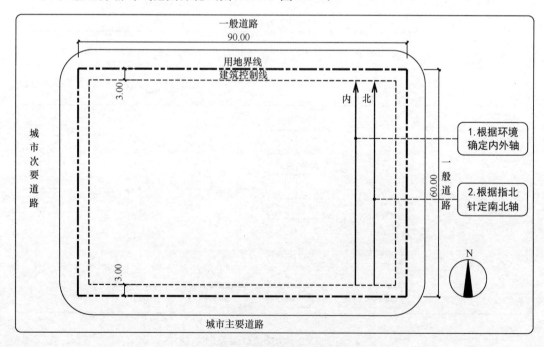

图 6-3-4 场地分析

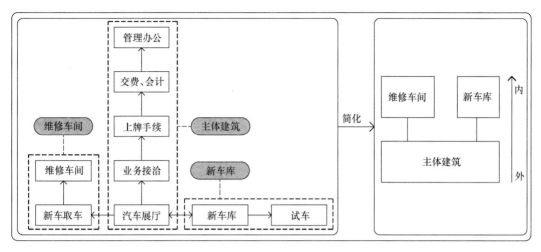

图 6-3-5 气泡图深化

（三）环境对接与场地草图（图 6-3-6、图 6-3-7）

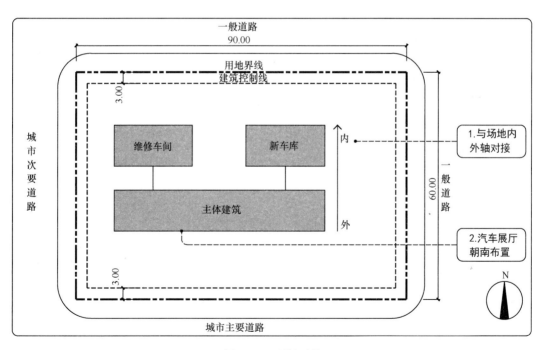

图 6-3-6 环境对接

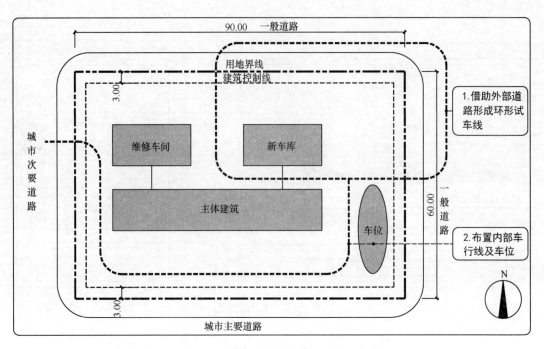

图 6-3-7 场地草图

(四) 量化与细化（图 6-3-8～图 6-3-11）

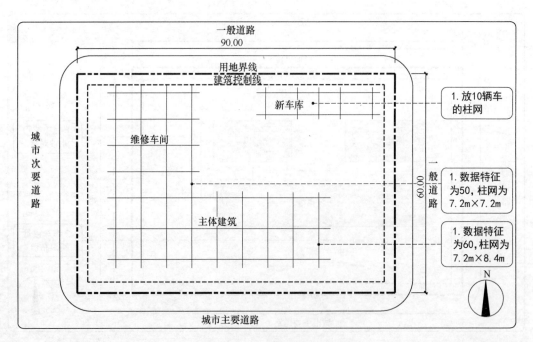

图 6-3-8 确定基本网格

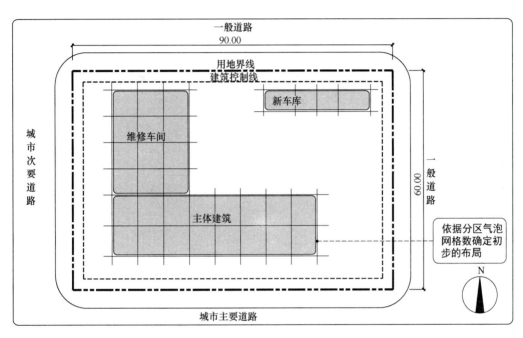

图 6-3-9 气泡量化

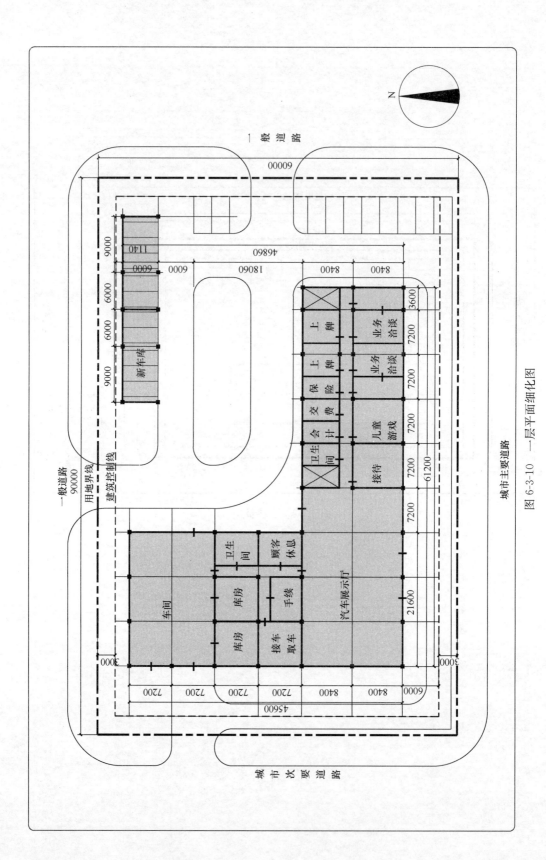

图 6-3-10 一层平面细化图

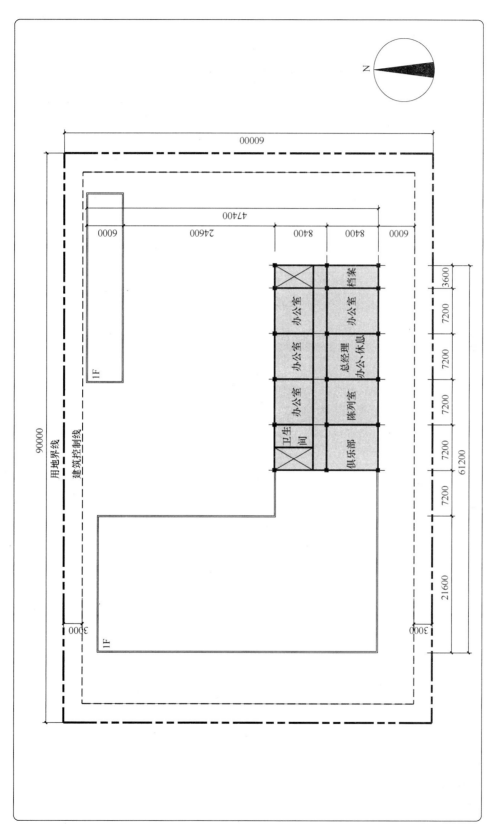

图 6-3-11 二层平面细化图

三、评分标准

评分标准详见表 6-3-2。

2005 年汽车专卖店题目评分标准 表 6-3-2

考核内容	扣分点	扣分值	分值
功能分区	(1) 不符合流线 1 [主入口—汽车展厅—业务洽谈—交款手续] 要求或无法判断	10	30
	(2) 不符合流线 2 [入口—接车取车—修理车间] 要求或无法判断	8	
	(3) 不符合流线 3 [业务洽谈—新车车库—交款手续(试车)] 要求或无法判断	5	
	(4) 一层财务办公区被其他流线穿越	3	
	(5) 房间位置不按任务规定的楼层布置	3	
	(6) 展厅内有柱或展示厅、新车库、维修车间、油漆车间不能进出车辆	3	
	(7) 会计、收款、保险未成组布置	3	
	(8) 贷款、手续、保险和上牌未成组布置	3	
	(9) 新车库未布置车位或不能布置 10 个车位	5	
	(10) 维修服务部、结算处、结算处未与接车取车相邻	2	
空间比例	(1) 70m² 以下的房间长宽比大于 2	1	6
	(2) 内部走道净宽<1.8m，疏散楼梯净宽<1.2m	5	
物理环境	(1) 主要功能房间无直接或间接采光者(展厅、儿童活动室、油漆车间)	3	6
	(2) 厕所不能自然采光、通风或无前室	3	
结构	(1) 展示厅结构不合理或整体体系不明	5	8
	(2) 上下两层结构不对位	3	
防火疏散	(1) 疏散楼梯个数少于 2 个	10	35
	(2) 主体建筑、维修车间、新车库三部分间距小于 12m (贴邻除外)	10	
	(3) 疏散楼梯间底层至室外安全出口距离>15m 及疏散门未向疏散方向开启	10	
	(4) 其他不符合防火规范处	每处 5 分	
图面表达	(1) 未画门或窗或门窗未画全	2～5	5
	(2) 尺寸标注不全、错误	2～5	
	(3) 图面粗糙	2～5	
其他	(1) 主体建筑、维修车间、新车库三部分分区不明确或无新车库	10	10
	(2) 提列 21 个房间内容不全者，缺一间	1	
	(3) 建筑面积>2750m² 或<2250m² 或漏注	3	
	(4) 汽车展厅<450m²，二层面积<500m²	10	
	(5) 其他房间面积与题目要求相差过大	1～3	

第四节 陶瓷博物馆 (2006 年)

一、题目

(一) 任务描述

某县历史上以陶瓷制品称绝于世，今欲新建陶瓷专题博物馆一座。总建筑面积

1750m²，面积均以轴线计，允许±10％的浮动（表6-4-1）。

建筑面积及要求　　　　　　　　　　　　表 6-4-1

功能分区	房间名称	面积（m²）	备注
陈列区（750m²）	序厅	100	
	陈列室一、二、三	150×3＝450	每个陈列室要求单独开放，又可形成流线
	临时展厅	150	
	影视厅	50	
藏品专区（180m²）	文物库	150	要求布置在一层且和展厅有联系
	保卫室	10	
	文物整理室	20	
观众服务区（100m²）	售票处	15	
	问询处、存包处	15	
	售品部	20	
	休息厅	50	兼茶室
办公及业务用房（180m²）	办公室	15×4＝60	4 间
	会议室	30	
	资料室	45	
	研究室	15×3＝45	
其他	配电间	10	
	男、女卫生间	按需设置	
	交通空间	按需设置	为便于展品的层间运输，可采用2.50m×2.40m的货梯

（二）场地描述

地块基本为一个58m×55m的矩形，用地位置见图6-4-1。该地段地形平坦，场地南侧为城市主干道，场地西侧是城市广场，场地东侧为高层办公区，场地北侧为城市次干道。

（三）一般要求

建筑退道路红线和用地红线应不小于5m。根据规划要求，设计应完善广场空间并与周边环境相协调。

（四）制图要求

用尺和工具画出一层与二层平面图，一层平面应包括场地布置；标注总尺寸、出入口、建筑开间、进深；画出场地道路与外部道路的关系；标出各房间名称与轴线尺寸。

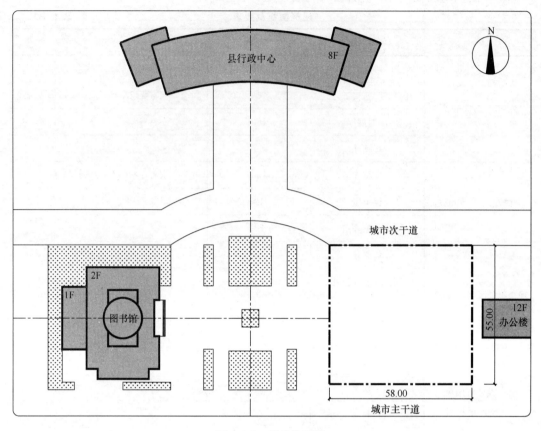

图 6-4-1 用地位置图

（五）流线要求（图 6-4-2）

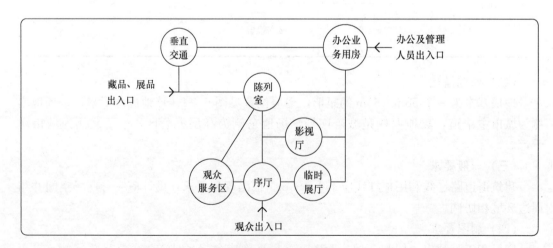

图 6-4-2 功能关系图

二、解析
(一) 读题与信息分类 (图 6-4-3)

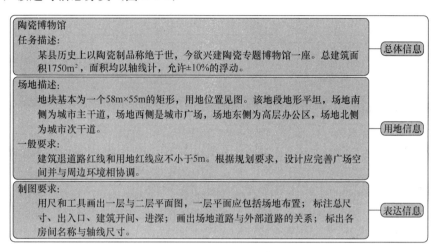

图 6-4-3 读题与信息分类

(二) 场地分析与气泡图深化 (图 6-4-4、图 6-4-5)

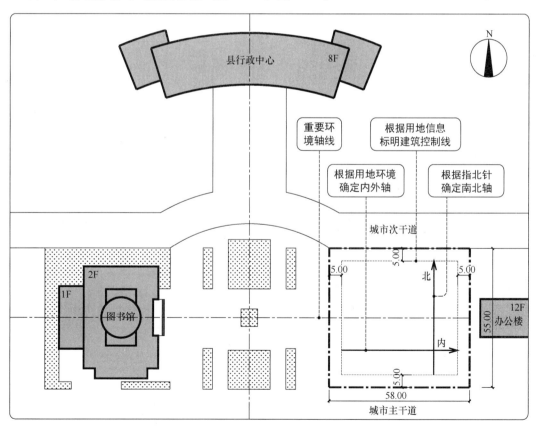

图 6-4-4 场地分析

135

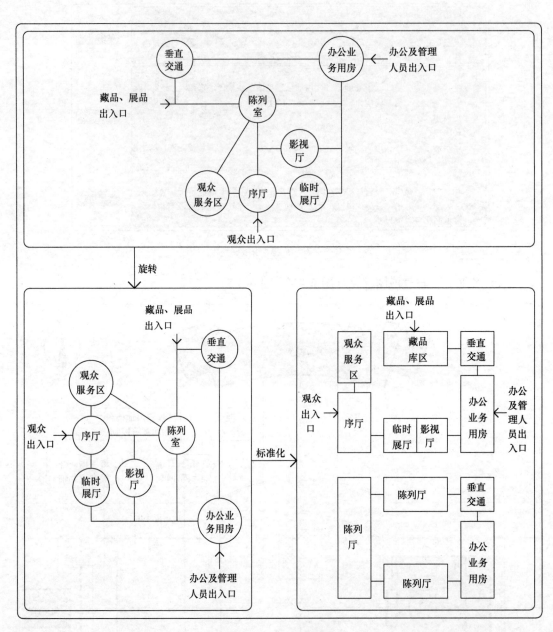

图 6-4-5　气泡图深化

(三) 环境对接与场地草图（图 6-4-6）

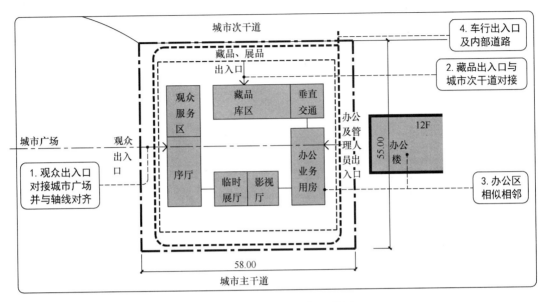

图 6-4-6　环境对接与场地草图

(四) 量化与细化（图 6-4-7～图 6-4-10）

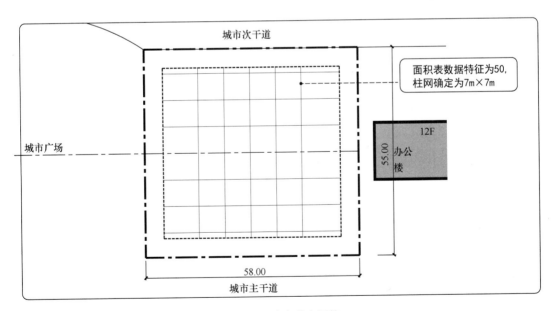

图 6-4-7　确定基本网格

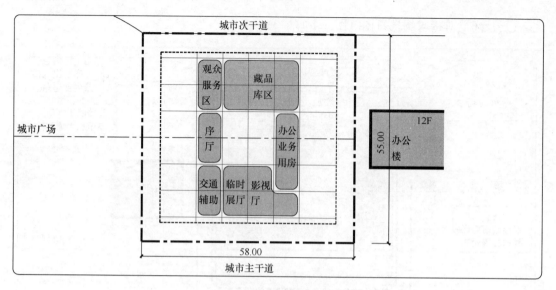

图 6-4-8 气泡图量化

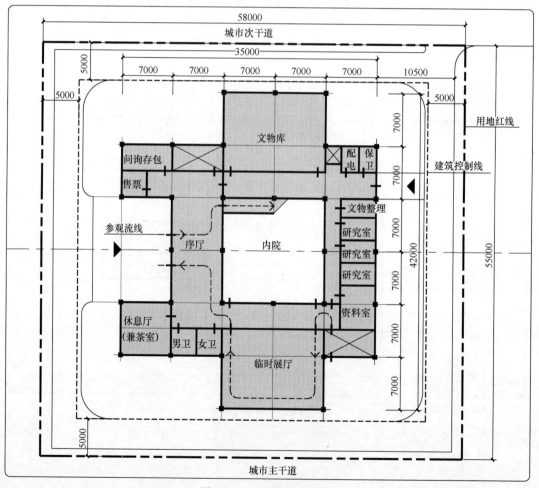

图 6-4-9 一层平面细化图

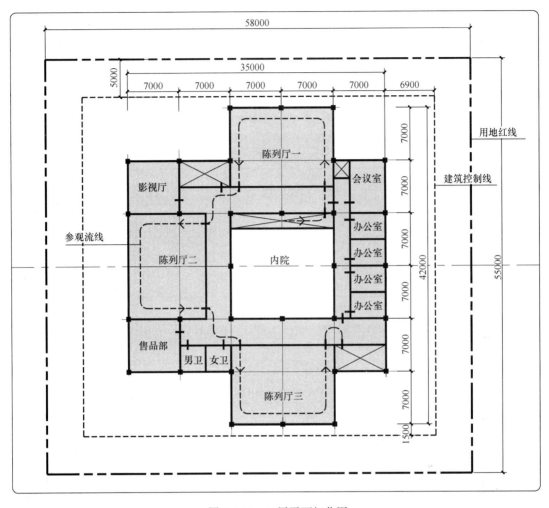

图 6-4-10 二层平面细化图

三、评分标准

评分标准详见表 6-4-2。

2006年陶瓷博物馆题目评分标准　　　　　　　　　表 6-4-2

考核内容		扣分点	扣分值	分值
设计任务要求	面积	（1）总建筑面积<1575m² 或>1925m² 或漏注	扣3分	5
		（2）陈列室面积<405m² 或>495m²	扣3分	
		（3）其他房间面积与题目要求面积出入较大	每间扣1分	
	房间内容房间数	（1）陈列室不足三个	缺1个扣5分	
		（2）缺少序厅、文物库、临时展厅	缺1项扣3分	
		（3）提列房间内容不齐全［上列（1）（2）除外］	缺1间扣1分	
总平面设计	规划关系	（1）观众出入口未布置在西向	扣10分	20
		（2）观众出入口布置在西向但与广场轴线不对中	扣5分	
		（3）建筑西侧外廊与广场空间关系不协调	扣8~10分	

续表

考核内容		扣分点	扣分值	分值
总平面设计	道路绿地铺装	（1）道路、铺装未布置或布置不当	扣1~3分	5
		（2）绿地未布置或布置不当	扣1~3分	
	出入口及退让	（1）观众、藏品、管理三个出入口缺项或未标注	缺一项扣2分	5
		（2）观众出入口与藏品、管理出入口混杂	扣3分	
		（3）藏品、管理出入口布置在主干道或广场一侧	各扣2分	
		（4）东、西、南、北方向退用地界限＜5m	每处扣2分	
建筑设计	功能分区	（1）三个陈列室布置不同层	扣10分	30
		（2）不符合流线一（入口—序厅—交通空间—陈列室）或无法判断	扣8分	
		（3）不符合流线二（藏品入口—文物库—交通空间—陈列室）或无法判断	扣8分	
		（4）观众人流穿过办公区或藏品库区	各扣8分	
		（5）功能分区混杂或功能关系不合理	扣5~10分	
		（6）影视厅未临近序厅或与其他空间合并设置	扣5分	
		（7）临时展厅未临近序厅或与其他空间合并设置	扣5分	
		（8）文物库保卫室不在库区出入口处	扣5分	
		（9）售票、问讯存包不在观众出入口处	扣5分	
		（10）陈列室设在二层未设电梯或设置不当	扣3分	
	参观路线	（1）未画	扣5分	5
		（2）绘制不正确或逆时针方向行进	扣3分	
		（3）路线不顺畅	扣3分	
	空间尺度	（1）单跨的陈列室、临时展厅跨度＜8m，或双跨＜14m	每处扣2分	10
		（2）≤50m²的房间长度与宽度之比≥2	每处扣1分	
		（3）展厅走廊＜2.4m，办公走廊＜1.8m，或楼梯梯段净宽＜1.2m	每处扣3分	
		（4）楼梯间设计不合理	扣3分	
	物理环境	（1）房间无直接采光通风者（陈列室、展厅、影视厅、配电除外）	每个扣2分	
		（2）卫生间不能自然采光通风或无前室	扣2分	
	结构	（1）结构体系不合理或体系不明确	扣5分	
		（2）上下两层结构不对位	扣5分	
	规范要求	（1）东侧与办公楼之间间距＜9m	扣8分	15
		（2）疏散楼梯数量不符合防火规范要求	扣15分	
		（3）陈列室、临时展厅＞50m²的影视厅只设一个疏散门	每项扣2分	
		（4）陈列室、临时展厅＞50m²的影视厅外门未向疏散方向开启	每项扣2分	
		（5）疏散楼梯间底层至室外安全疏散距离＞15m	扣10分	
		（6）主入口未设置轮椅通行坡道或设置不合理	扣1~3分	
		（7）其他不符合规范	每处扣5分	

续表

考核内容	扣分点	扣分值	分值
图面表达	（1）门窗未画或未画全	扣2~5分	5
	（2）尺寸标注不全、错误	扣2~5分	
	（3）图面粗糙	扣2~5分	
第二题注	一、出现后列情况之一者，本题总分为0分。1.方案设计为一层者或未画出二层者；2.方案设计无楼梯者		
	二、平面图用单线或部分单线表示，本题总分乘0.9		
第二题小计分	第二题得分	小计分×0.8=	

第五节　图书馆（2007年）

一、题目

（一）任务描述

在场地内建一个总建筑面积为2000m²的2层（层高3.6m）图书馆，面积均以轴线计，允许±10%的浮动。

（二）场地描述

场地形状基本为一个不规则的矩形，用地位置见图6-5-1。该地段地形平坦，场地南面临城市次干道，场地东面临城市支路，且在场地的东侧有一块城市绿地。

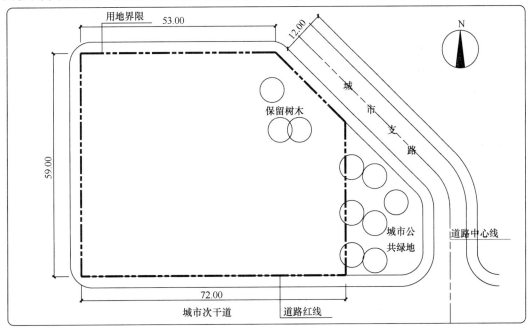

图6-5-1　场地总图

（三）一般要求

(1) 退场地南面城市次干道15m，退场地西面城市支路10m，北面退10m。
(2) 场地主入口要面临城市次干道。

(3) 须设有一个儿童阅览室专用入口和一个图书专用入口。
(4) 画出场地道路与外部道路的关系。
（四）制图要求
在总平面图上画出一层平面图，另纸画出二层平面图。
（五）建筑面积要求
一、二层房间组成及面积及要求见表6-5-1。

房间面积表　　　　　　　　　　　　　表6-5-1

	房间名称	面积（m²）	备注
一层平面	基本书库	200	要求书库有良好的通风
	图书编目	100	
	报刊阅览	150	
	大厅	150	
	少儿书库	20	要求书库有良好的通风
	少儿阅览室	100	专用入口
	电梯	6	
	馆长办公	100	
	卫生间	40	
	小卖部	20	
二层平面	普通阅览室A 普通阅览室B	400	
	电子书籍阅览室	150	
	卫生间	40	

二、解析
（一）读题与信息分类（图6-5-2）

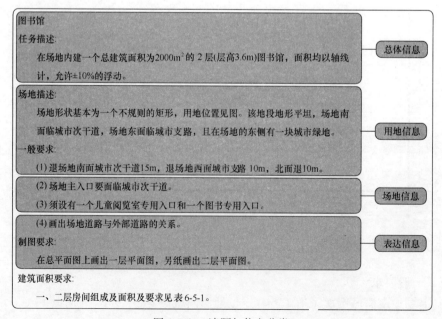

图6-5-2　读题与信息分类

(二)场地分析与气泡图提炼(图 6-5-3、图 6-5-4)

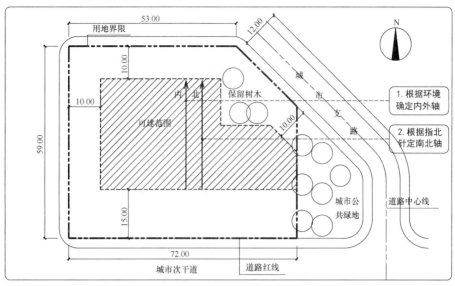

图 6-5-3 场地分析

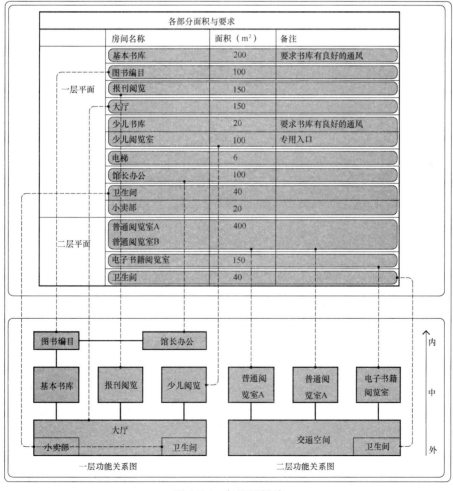

图 6-5-4 气泡图提炼

（三）环境对接与场地草图（图 6-5-5、图 6-5-6）

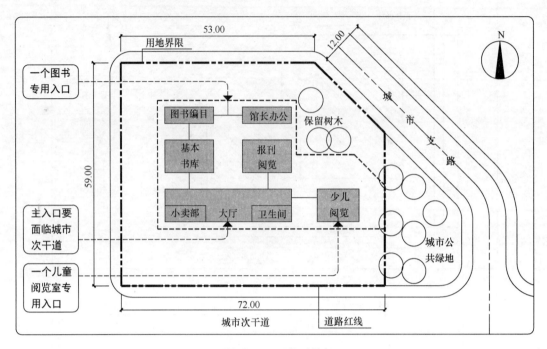

图 6-5-5　环境对接

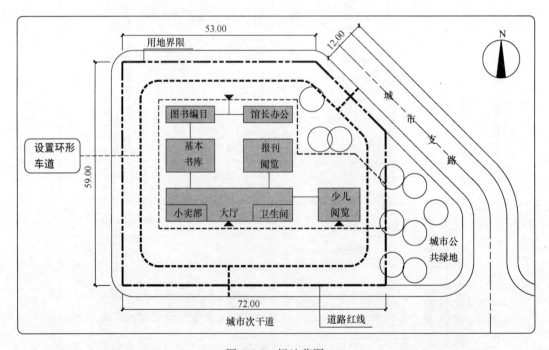

图 6-5-6　场地草图

(四)量化与细化(图 6-5-7～图 6-5-10)

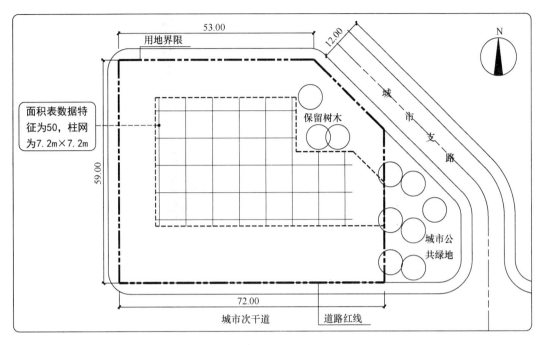

图 6-5-7 确定基本网格

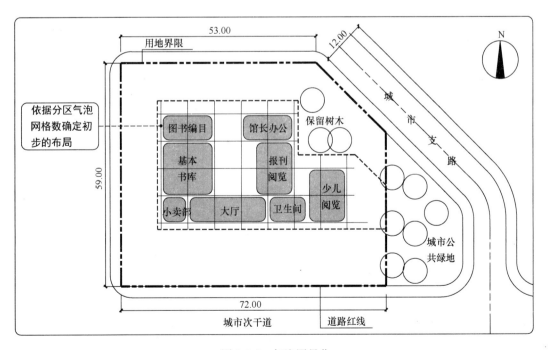

图 6-5-8 气泡图量化

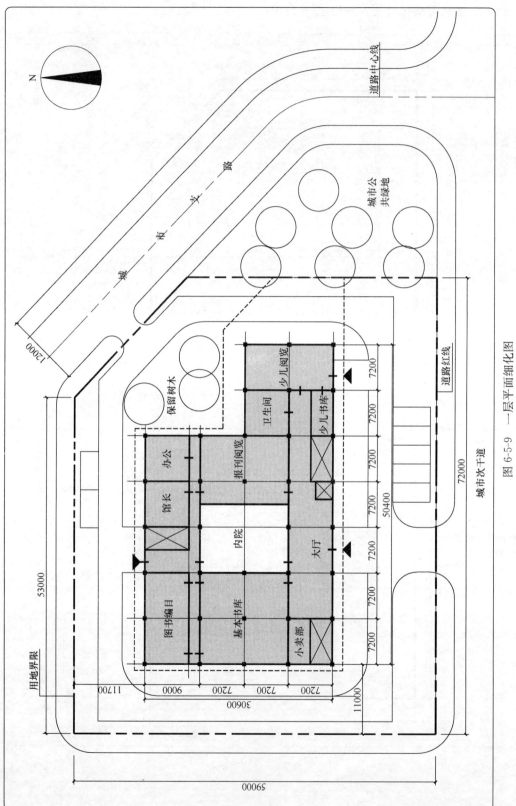

图 6-5-9 一层平面细化图

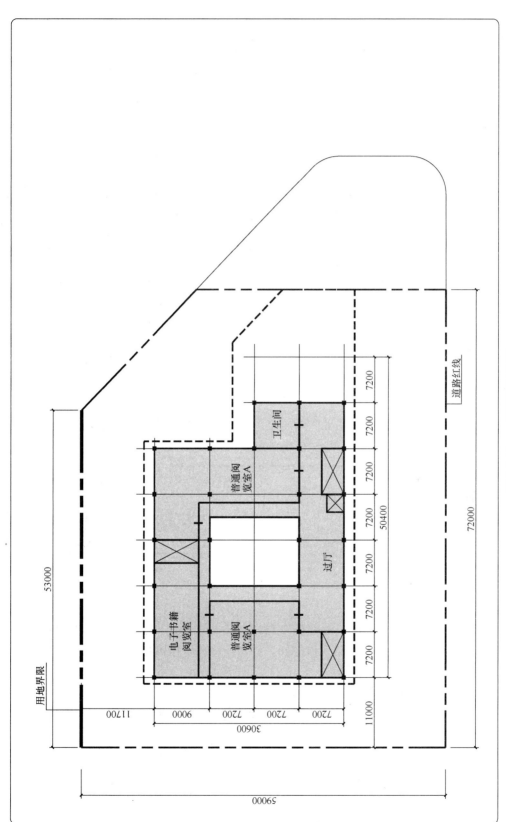

图 6-5-10 二层平面细化图

第六节 艺术家俱乐部（2008年）

一、题目

（一）任务描述

在某生态园区内拟建艺术家俱乐部一座，总面积 1700m² （±10%），房间面积构成详见表 6-6-1，面积均以轴线计。

（二）场地描述

地块基本为 73m×45m 平行四边形，地形平坦，场地中间有棵名贵树木，场地东面是园外道路，西南面为湖面，北边与支路相隔是生态园区，用地位置见图 6-6-1。

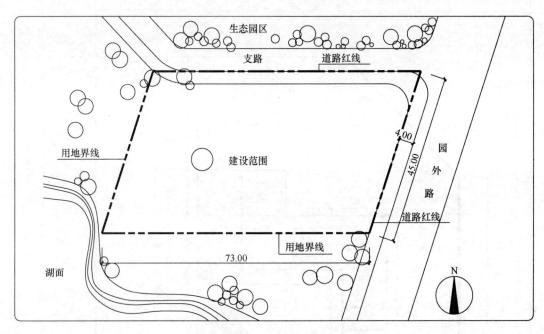

图 6-6-1 场地总图

（三）一般要求

建筑退用地红线应不小 5m，退北侧支路红线不小于 5m，退东侧园外路红线不小于 12m，根据规划要求，设计应完善入口空间，并与周边环境相协调。

(1) 报告厅为一层，要有单独对外出入口，层高 4.5m。
(2) 其余主体建筑均为 2 层，层高 3.9m。
(3) 布置有公共卫生间。客房内卫生间只要布置一套示意即可。
(4) 场地布置 5 个 3m×6m 小轿车车位。
(5) 注意动静分区，客房要朝南。
(6) 结构形式自选，但要明晰。

（四）制图要求

(1) 画出场地道路与外部道路的关系。

(2) 标出各房间名称与轴线尺寸以及总尺寸。
(3) 画出墙、柱、台阶、广场、绿化、道路。
(4) 不得用铅笔、非黑色绘图笔作图,主要线条不得手绘。
(5) 标出建筑总面积。

建筑面积表　　　　　　　　　　　　　　　表 6-6-1

	名称	面积（m²）	备注
活动用房部分 （415m²）	报告厅	100	
	声控室	15	
	台球室	50	
	乒乓球室	50	
	摄影工作室	50	
	书法室	50	
	阅览室	50	
	棋牌室	50	
住宿部分 （270m²）	客房	250	25m²×10 间（均带卫生间）
	服务间	20	
餐饮部分 （200m²）	厨房	50	
	餐厅	100	
	茶吧	50	
公共配套部分 （240m²）	门厅	60	
	卫生间	100	25m²×4 个
	办公室	30	
	接待室	50	
其他	交通面积	根据需要	

二、解析
(一) 读题与信息分类（图 6-6-2）

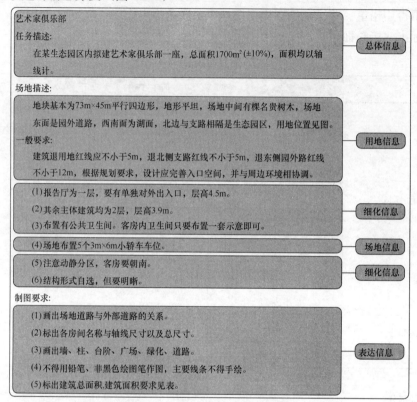

图 6-6-2　读题与信息分类

(二) 场地分析与气泡图提炼（图 6-6-3、图 6-6-4）

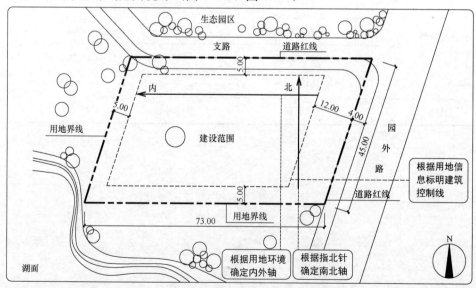

图 6-6-3　场地分析

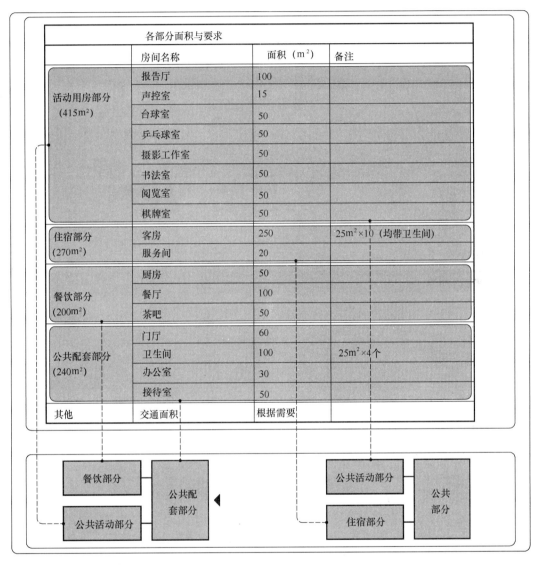

图 6-6-4　气泡图提炼

(三) 环境对接与场地草图（图6-6-5、图6-6-6）

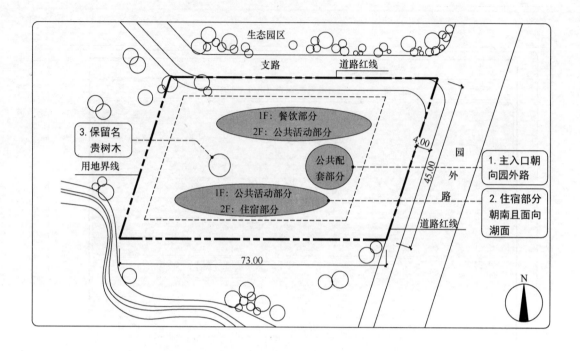

图6-6-5　环境对接

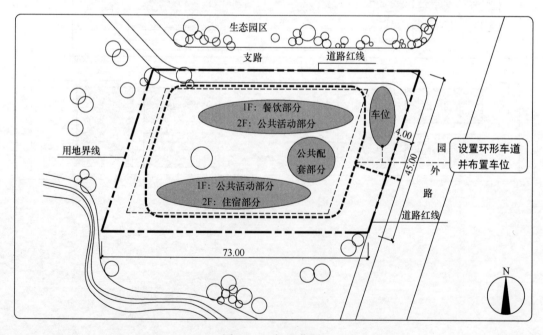

图6-6-6　场地草图

(四)量化与细化(图 6-6-7~图 6-6-10)

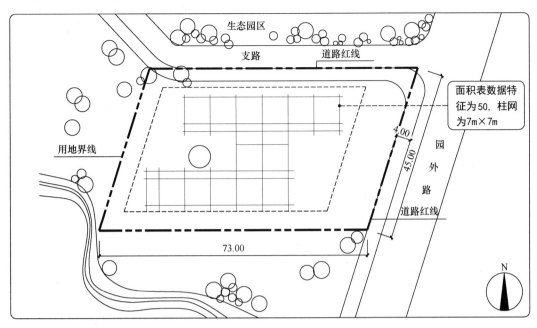

图 6-6-7 确定基本网格

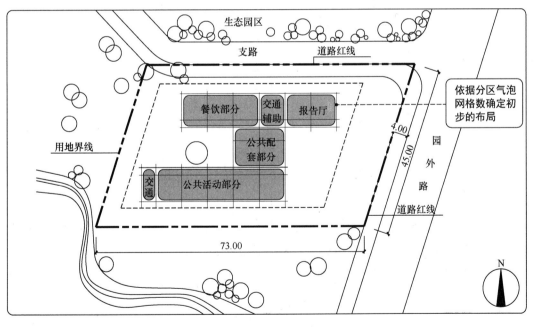

图 6-6-8 气泡图量化

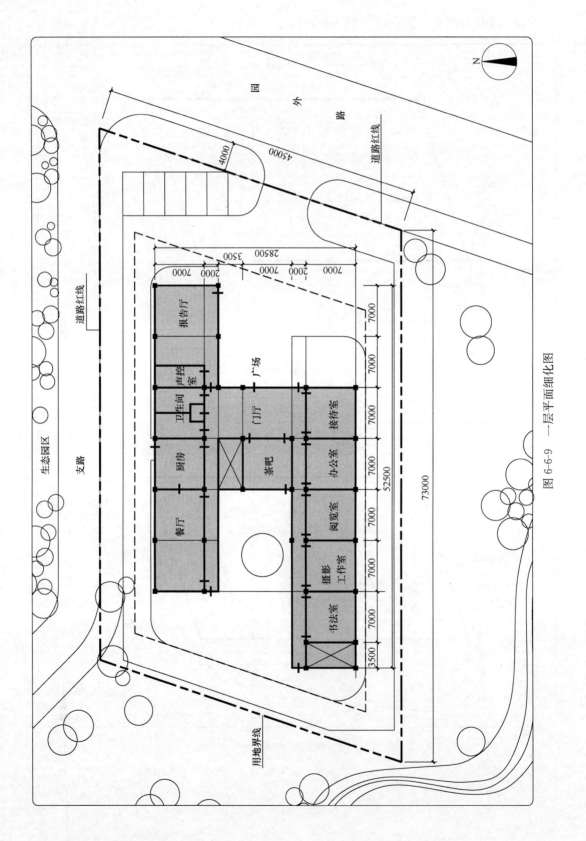

图 6-6-9 一层平面细化图

2024考季
二级注册建筑师

免费增值服务

在线课程

- **导学课**：考试情况介绍，掌握一手资料
- **精讲课**：全书内容整合，把握知识脉络
- **真题课**：解析往年真题，了解出题规律

超值福利

备考指导	历年真题
考点清单	报考指导
章节题库	学习计划

免费领取增值服务
扫描二维码 >>

二级注册建筑师考试介绍

项目	科目			
	建筑经济、施工与设计业务管理	建筑设计 建筑材料与构造	建筑结构 建筑物理与设备	场地与建筑方案设计
考试时间（小时）	2.5	3	2.5	6
试题类型	单项选择题	单项选择题	单项选择题	作图题

考试名称	报名时间	考试时间
二级注册建筑师	3月下旬到4月初	5月中旬

兑换增值服务说明

电脑端用户

访问建标知网用户中心
https://zhukao.cabplink.com/account
↓
注册用户并登陆
↓
进入个人中心左侧"兑换增值服务"
↓
输入封面二维码涂层下数字，验证兑换
↓
进入"个人中心"－"我的增值服务"
查看兑换的增值服务

移动端用户

扫描右侧二维码
↓
关注公众号点击兑换增值服务包链接
↓
点击"确认兑换"
↓
进入"个人中心"－"我的增值服务"
查看兑换的增值服务

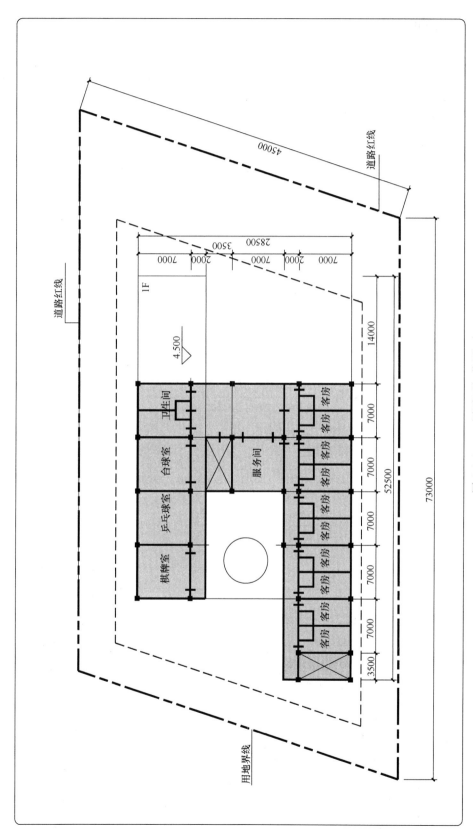

图 6-6-10 二层平面细化图

三、评分标准

评分标准详见表 6-6-2。

2008 年艺术家俱乐部题目评分标准 表 6-6-2

序号	考核内容	扣分点	扣分值	分值
1	设计任务要求	（1）在一层平面图的右下角填写总建筑面积，面积范围在 1530～1870m^2，错或忘写	扣 5 分	10
		（2）房间面积不满足题目要求的±10%	每间扣 2 分	
		（3）缺少房间或多布置房间	每间扣 5 分	
2	总平面设计	（1）外墙超出建筑控制线	扣 5 分	15
		（2）古树没有保留	扣 12 分	
		（3）入口布置不合理或没有布置广场	扣 12 分	
		（4）车位不够 5 个	每个扣 2 分	
		（5）车位前道路不够进车尺寸的	扣 2 分	
		（6）厨房设计位置不合理	扣 6 分	
		（7）道路及绿化没有布置或布置不合理	扣 5 分	
3	房间比例 走廊宽度 结构布置 物理环境	（1）房间比例要控制小于 2:1	不满足的扣 2 分	10
		（2）走廊宽度单廊净宽不得小于 1.5m，双廊不得小于 1.8m	扣 2 分	
		（3）所有房间如出现暗房间，客房卫生间除外	每个扣 2 分	
		（4）结构布置体系混乱或不合理	扣 4～8 分	
4	规范要求	（1）如只布置一部楼梯	扣 16 分	20
		（2）一层只有一个安全出口	扣 12 分	
		（3）一层疏散门没有向外开	扣 5 分	
		（4）首层楼梯间到室外出入口的距离大于 15m	扣 8 分	
		（5）走廊尽端房间到楼梯的距离不满足规范要求	扣 6 分	
		（6）两个出入口的距离小于 5m	扣 4 分	
		（7）其他违反规范处	每处扣 1.2 分	
5	图面表达	（1）未画门窗或门窗未画全	扣 1～4 分	5
		（2）尺寸标注不全或有错误	扣 1～4 分	
		（3）图面粗糙	扣 1～4 分	
6	其他部分	（1）除报告厅外，主体建筑均应为 2 层（而不合题意的）	扣 12～15 分	40
		（2）客房、活动用房、餐饮这三大功能分区混杂，没有做到相对独立	扣 8～12 分	
		（3）活动用房中的台球、乒乓球、棋牌与美术、摄影、阅览、书法功能区混杂的	扣 6～8 分	
		（4）客房与服务间、声控与报告厅、门厅与接待室这三部分没有关联在一起	分别扣 5 分	
		（5）客房没有集中布置	扣 8 分	
		（6）客房没有朝南向	每间扣 2 分	

续表

序号	考核内容	扣分点	扣分值	分值
6	其他部分	(7) 客房开间不在 3.3～4.2m	每间扣 1 分	40
		(8) 客房没有设置卫生间的	扣 5 分	
		(9) 客房卫生间应有一间详细布置,没有布置或布置不合理	扣 5 分	
		(10) 厨房餐厅分开布置	扣 5 分	
		(11) 厨房没有设置在一层	扣 5 分	
		(12) 厨房的景观优于餐厅的	扣 5 分	
		(13) 主楼梯不与门厅相邻的,或楼梯间设计不合理	扣 5 分	
		(14) 楼梯间尺寸开间小于 3m 进深小于 4.4m 或粗糙或画错的	扣 5 分	
		(15) 报告厅不是单独设在一层	扣 12 分	
		(16) 报告厅位置不当或没有单独出入口	扣 5 分	
		(17) 没有布置公共卫生间	扣 5 分	
		(18) 公共卫生间布置不合理,或没有前室或没有考虑残疾人专用厕位	扣 2～4 分	
		(19) 卫生间布置在厨房、餐厅上面的	扣 6 分	
		(20) 房间没有开门的	每间 1 分	

第七节 基层法院（2009 年）

一、题目

（一）任务描述

拟建 2 层的基层法院一座,总面积 1800m² （±10%）,面积均以轴线计。

（二）场地描述

用地基本为 48m×58m 矩形的城市场地,地形平坦,用地见图 6-7-1。

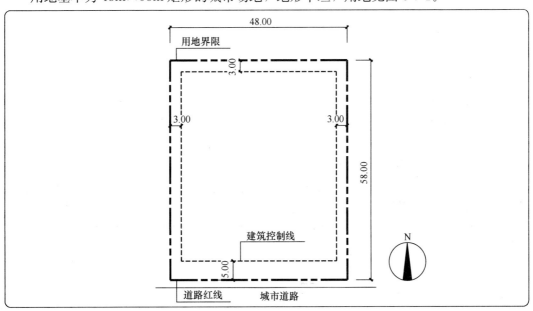

图 6-7-1　场地总图

(三) 一般要求

(1) 主入口设至少3个车位的停车场。
(2) 工作人员入口设2个车位的停车场。
(3) 羁押室入口设1个车位的停车场。
(4) 设可停放20辆自行车的存车场。
(5) 场地周边要有可环绕车道。

(四) 功能要求（图6-7-2）

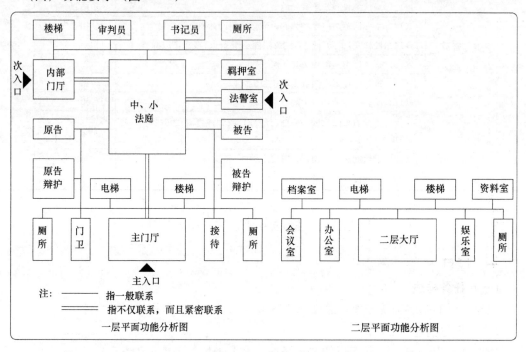

图6-7-2 功能关系图

(五) 制图要求

(1) 尺规作图。
(2) 进行一、二层的方案平面设计，比例1：300。
(3) 进行无障碍设计。
(4) 布置卫生间。
(5) 标出建筑总面积。
(6) 建筑功能及面积要求（表6-7-1、表6-7-2）。

一层各功能部分面积与要求　　　　表6-7-1

房间名称	面积（m²）	要　求
主门厅	100	
内部门厅	20	
中法庭	150	
小法庭	50	

续表

房间名称	面积（m²）	要　求
门卫	20	
接待调解室	30	
原告室	25	
原告辩护人室	25	
被告室	25	
被告辩护人室	25	
书记员室	25	
审判员室	25	
羁押室	25	内含4间2.5m²犯罪嫌疑人间，1间4m²的公共卫生间及相应的走道
法警室	20	
男、女卫生间	40	包括对内与对外，并对卫生间进行布置
电梯	6	1部
走廊面积	200	
楼梯间	50	2部
一层建筑面积：1100m²		

二层各功能部分面积与要求　　　　表6-7-2

房间名称	面积（m²）	要　求
办公室	200	可灵活划分
档案室	25	
资料室	25	
会议室	40	
男、女卫生间	40	同一层布置
娱乐室	45	
电梯	6	1部
走廊面积	200	
楼梯间	50	2部
二层建筑面积：700m²		

二、解析
(一) 读题与信息分类（图 6-7-3）

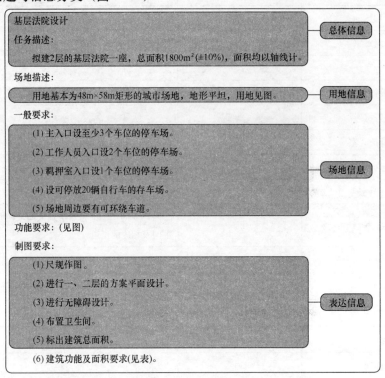

图 6-7-3 读题与信息分类

(二) 场地分析与气泡图深化（图 6-7-4、图 6-7-5）

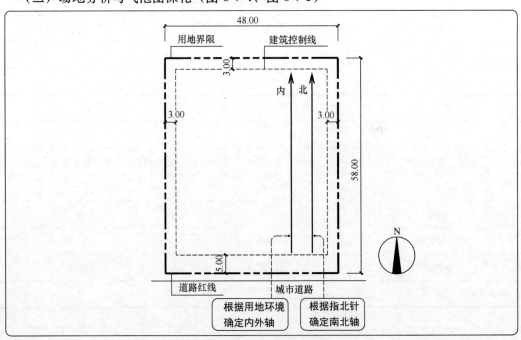

图 6-7-4 场地分析

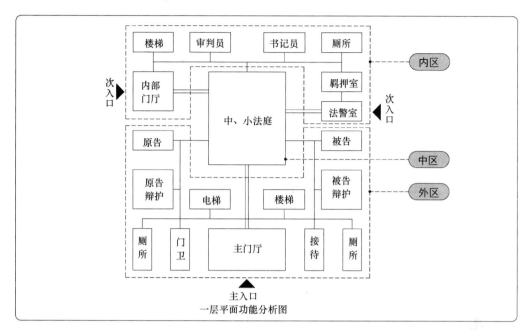

图 6-7-5 气泡图深化

（三）环境对接与场地草图（图 6-7-6）

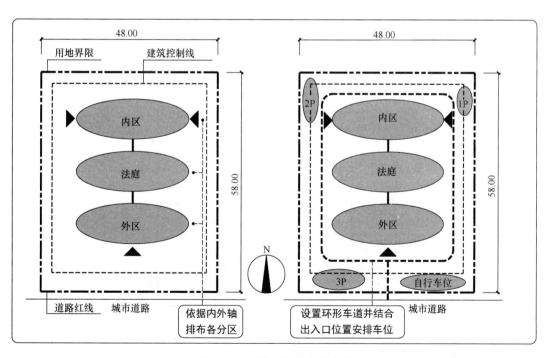

图 6-7-6 环境对接与场地草图

(四) 量化与细化（图 6-7-7～图 6-7-9）

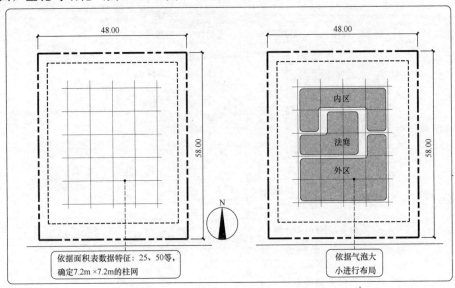

图 6-7-7　确定基本网格与气泡图量化

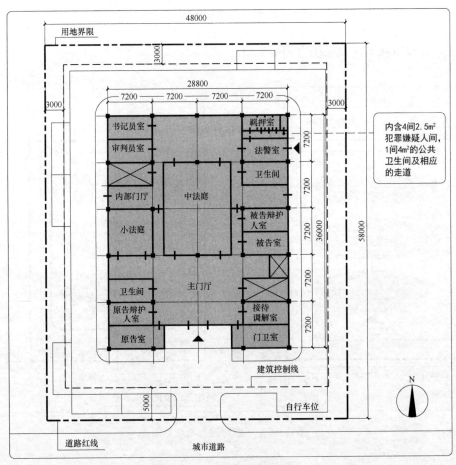

图 6-7-8　一层平面细化图

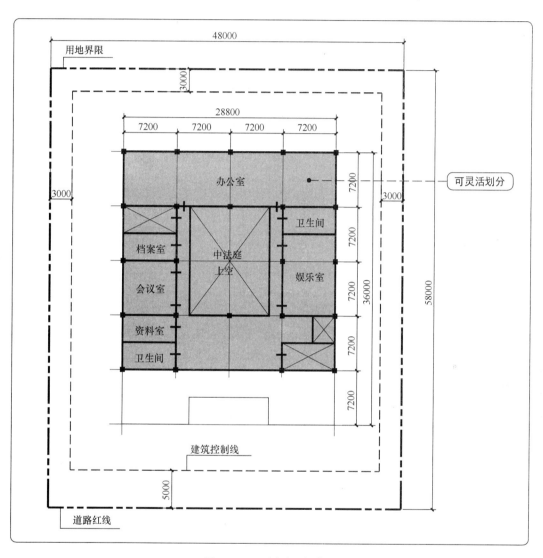

图 6-7-9 二层平面细化图

第八节 帆船俱乐部（2010年）

一、题目
（一）设计条件

某湖滨拟建一帆船俱乐部，其用地平整，总建筑面积1900m²，建筑层数2层，用地及一层主要功能关系见图6-8-1、图6-8-2，各部分建筑面积按轴线计算，允许误差±10%（表6-8-1、表6-8-2），具体要求如下：

一层面积表　　　　　　　　　　　　　　　　　表6-8-1

功能分区	房间名称	房间数目（个）	每间面积（m²）	其他要求
公共区 （80m²）	主门厅	1	40	
	门卫室	1	20	
	接待室	1	20	
餐饮服务区 （340m²）	餐厅	1	120	
	小餐厅	1	30	
	厨房	1	100	
	餐厨管理	1	20	
	服务门厅	1	10	
	男、女卫生间各一间	2	30	为顾客使用
会员功能区 （565m²）	公共活动区 信息告示厅	1	40	
	公共活动区 休息厅	1	30	
	会员活动区 会员活动室	4	40	
	会员活动区 健身训练室	1	90	
	会员活动区 男更衣淋浴室	1	20	
	会员活动区 女更衣淋浴室	1	15	
	会员活动区 男、女卫生间各一间	2	30	
	会员活动区 救护室	1	15	
	会员活动区 次门厅	1	10	通往陆上停泊区
办公区	教练办公室	5	20	
	男更衣淋浴及卫生间	1	15	
	女更衣淋浴及卫生间	1	10	

二层面积表　　　　　　　　　　　　　　　　　表6-8-2

功能分区	房间名称	房间数目（个）	每间面积（m²）	其他要求
会员功能区（490m²）	双人客房	13	30	带卫生间
	单人客房	2	25	带卫生间
	服务员室	1	25	
	备品库房	1	25	

注：其他交通面积自行确定。

（二）设计要求

（1）建筑退南侧岸壁外缘线不少于8m，退西侧岸壁外缘线及该侧建筑用地界限不少于8m，退北侧道路红线不少于5m，退东侧建筑用地界限不少于5m。

（2）保留既有停车场及树木。

（3）场地允许向北侧道路开设一处出入口。

（4）餐厅、小餐厅、教练办公室（5间）、会员活动室（4间）、救护室及全部客房均朝向湖面。

（5）客房开间均不小于3.6m。

（6）邻近救护室布置室外救护车停车位1个。

（三）作图要求

（1）合并绘制总平面图及一层平面图。

（2）绘制二层平面图。

（3）总平面图要求绘制出入口、道路、绿地、救护车停车位。

（4）一、二层平面图中的墙体双线表示，绘出门、窗、台阶等，标注开间、进深尺寸和总尺寸，注明各房间名称。

（5）男、女卫生间需布置洁具，更衣、淋浴间及客房卫生间不需布置洁具。

（6）在第三页填写总建筑面积。

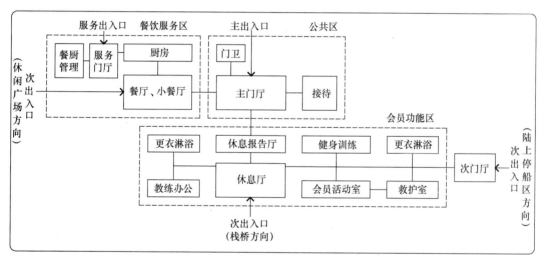

图6-8-1　一层主要功能示意图

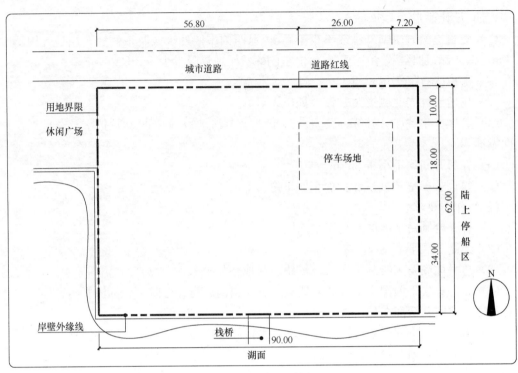

图 6-8-2 场地总图

二、解析
（一）读题与信息分类（图 6-8-3）

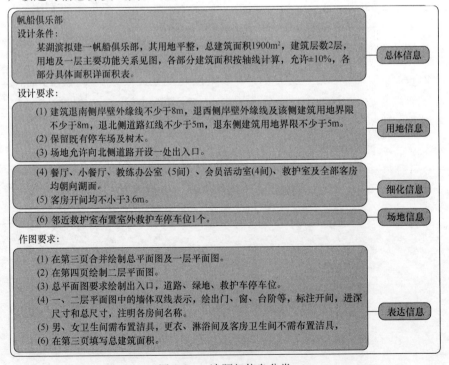

图 6-8-3 读题与信息分类

（二）场地分析（图6-8-4）

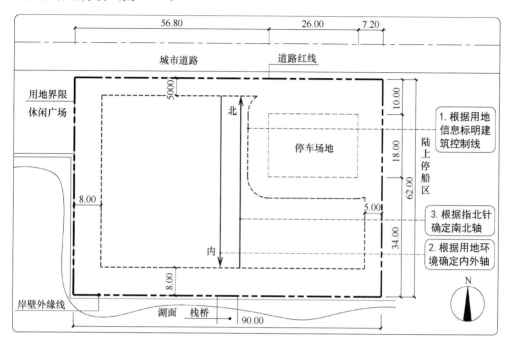

图6-8-4 场地分析

（三）环境对接与场地草图（图6-8-5、图6-8-6）

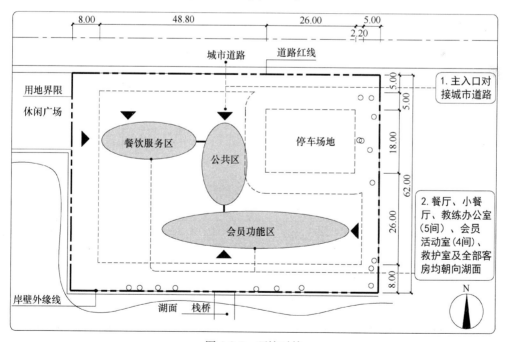

图6-8-5 环境对接

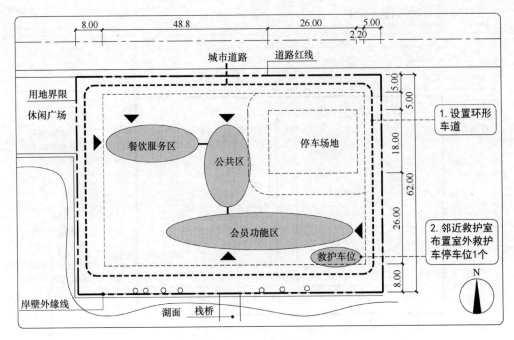

图 6-8-6　场地草图

(四) 量化与细化 (图 6-8-7~图 6-8-10)

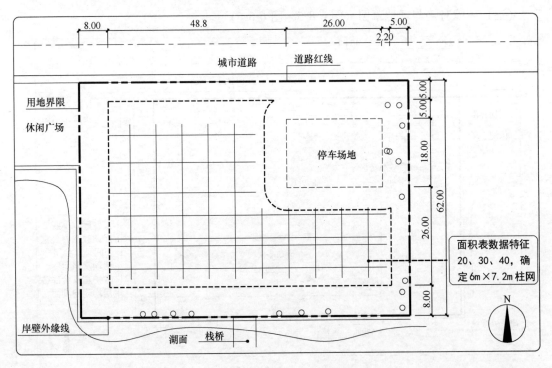

图 6-8-7　确定基本网格

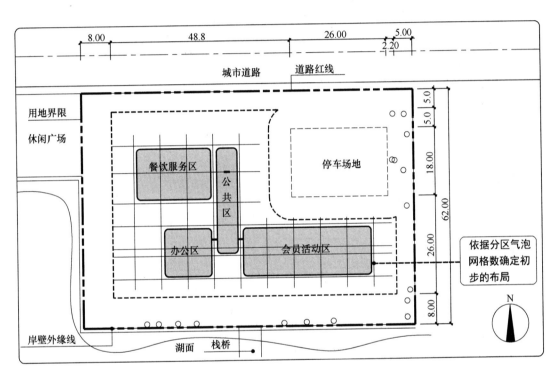

图 6-8-8 气泡图量化

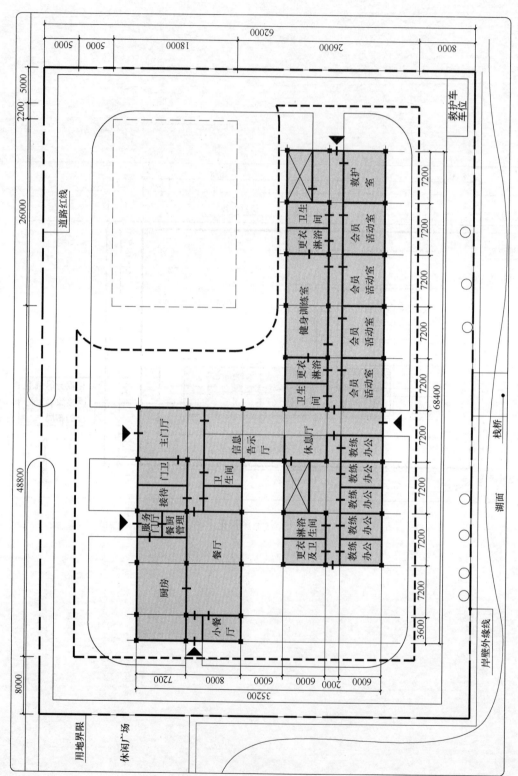

图 6-8-9 一层平面细化图

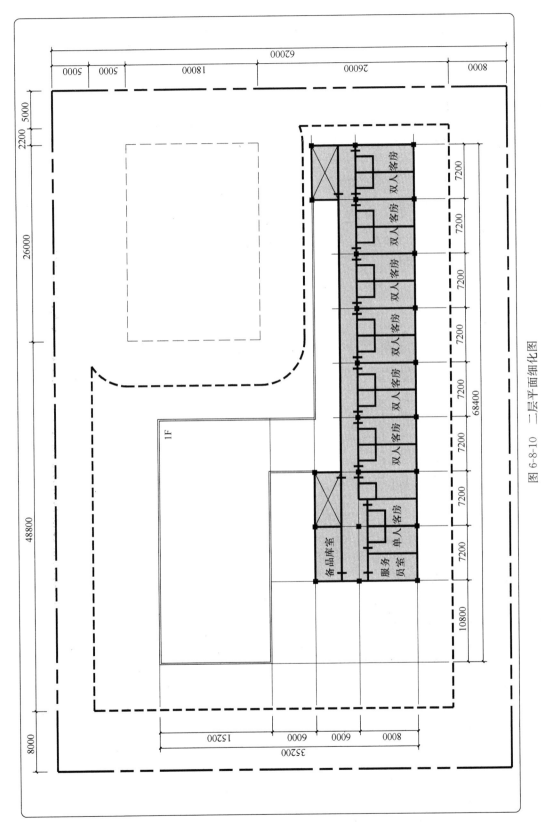

图 6-8-10 二层平面细化图

第九节 餐馆（2011年）

一、题目
（一）设计条件
某餐馆用地见图6-9-1，用地东、南侧为景色优美的湖面，西侧为城市道路，北侧为城市支路，用地内原有停车场和树林、绿地均应保留。

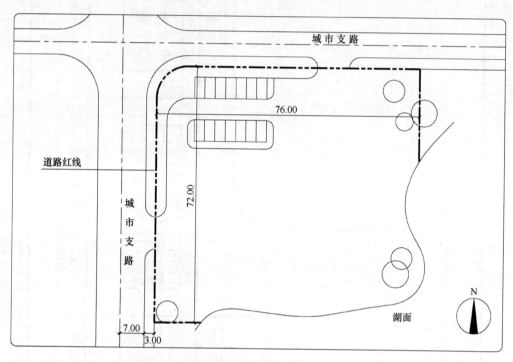

图6-9-1 场地总图

建筑退道路红线不应小于15m，露天茶座外缘距湖岸线和用地界限不应小于3m。

（二）建筑规模及内容
总建筑面积：1900m²（面积均按轴线计算，允许误差±10%），详见表6-9-1、表6-9-2，楼梯、走道等交通面积自定。

一层各部分面积及要求　　　　表6-9-1

房间名称	每间面积（m²）	其他要求
门厅	90	内设结账柜台
咖啡厅	100	内设吧台
快餐厅	90	内设销售台
大餐厅	330	
顾客卫生间	50	

续表

房间名称	每间面积（m²）	其他要求
快餐制作间	20	
大厨房	240	
备餐间	20	
后勤门厅	20	
厨师休息室	15	
男女厨师更衣、淋浴、厕所	20	
一层建筑面积合计	995	

二层各部分面积及要求　　　表 6-9-2

房间名称	每间面积（m²）	其他要求
休息厅	90	
六桌大包间（1 间）	100	
单桌小包间（10 间）	20	
顾客卫生间	50	
厨房	90	
备餐间	20	
二层建筑面积合计	550	

（三）设计要求

(1) 场地应分设顾客出入口和后勤出入口。
(2) 快餐厅应临近西侧城市道路，设独立出入口，快餐厅应与门厅连通。
(3) 建筑应按给定的功能关系布置。
(4) 一层层高 5.1m，二层层高 4.2m。
(5) 一层大餐厅和咖啡厅均应面向湖面，大餐厅的平面应为长宽比不大于 2∶1 的矩形。
(6) 二层所有包间均应面向湖面，单桌小包间的开间不应小于 4m。
(7) 一层和二层各设一个面积不小于 200m² 的室外露天茶座（露天茶座不计入总建筑面积），要求面向湖面，并应与室内顾客使用部分有较密切的联系。
(8) 一、二层厨房之间应设一部货梯，一、二层备餐间之间应设一部食梯。

（四）作图要求

(1) 合并绘制总平面图及一层平面图，另行绘制二层平面图。
(2) 总平面图要求绘出道路、广场、各出入口、绿地，露天茶座内可简单示意一两组桌椅。
(3) 一、二层平面图按设计条件和设计要求绘制，并注明开间、进深尺寸和建筑总尺寸及标高。

（4）平面要求绘出墙体（双实线表示）、柱、门、窗、台阶、坡道等，结账柜台、吧台、销售台需绘制，厕所应详细布置，餐厅内可简单示意一两组桌椅家具，厨房内部不必分隔和详细设计。

（5）提示（图6-9-2、图6-9-3）。

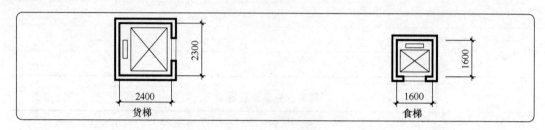

图6-9-2 电梯图示

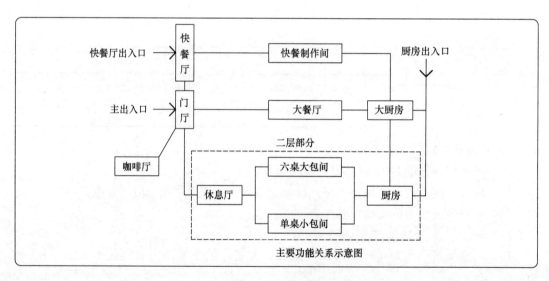

图6-9-3 气泡图

二、解析
(一) 读题与信息分类（图6-9-4）

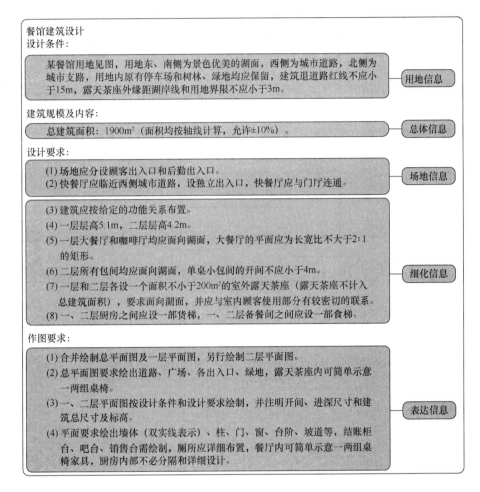

图6-9-4 读题与信息分类

（二）场地分析与气泡图深化（图 6-9-5、图 6-9-6）

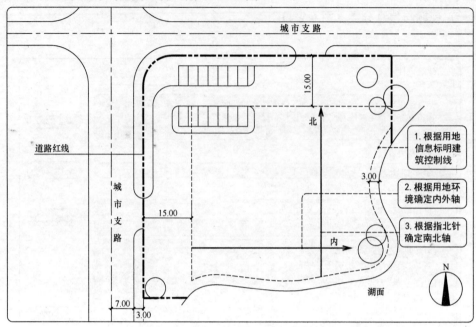

图 6-9-5 场地分析

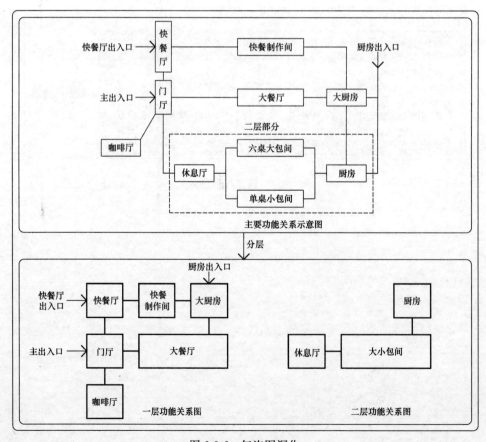

图 6-9-6 气泡图深化

（三）环境对接与场地草图（图 6-9-7、图 6-9-8）

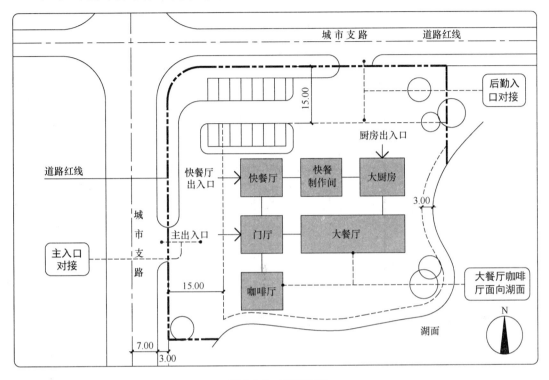

图 6-9-7　环境对接

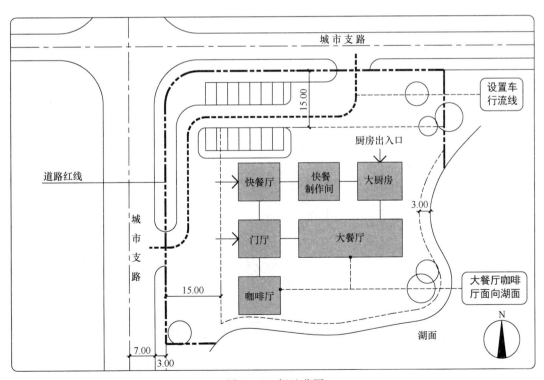

图 6-9-8　场地草图

(四）量化与细化（图 6-9-9～图 6-9-12）

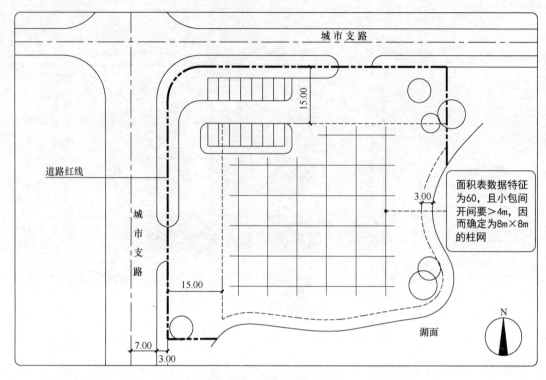

图 6-9-9 确定基本网格

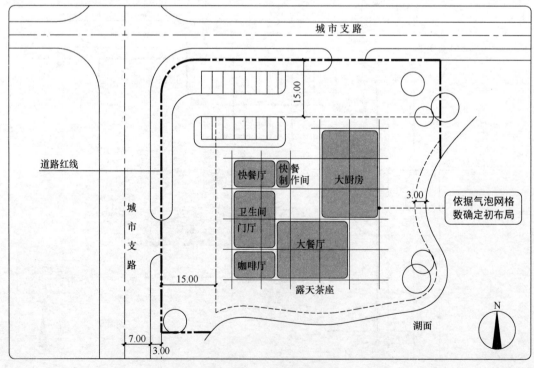

图 6-9-10 气泡图量化

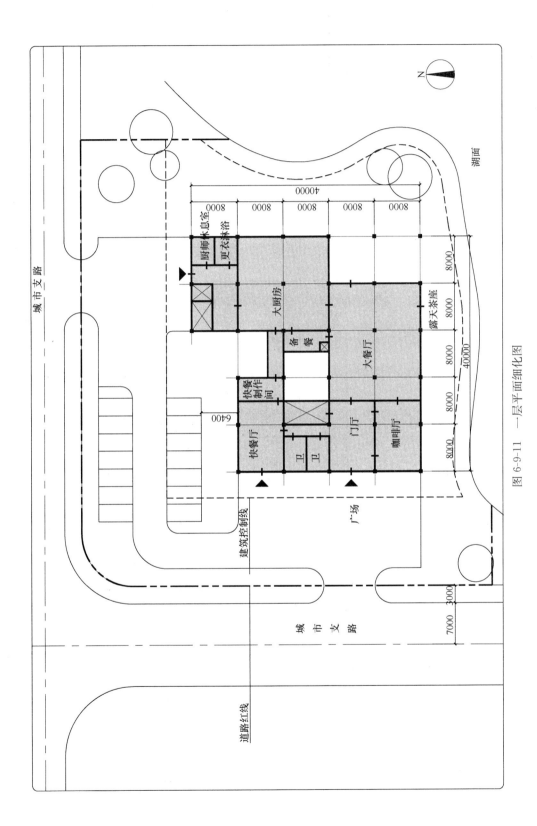

图 6-9-11 一层平面细化图

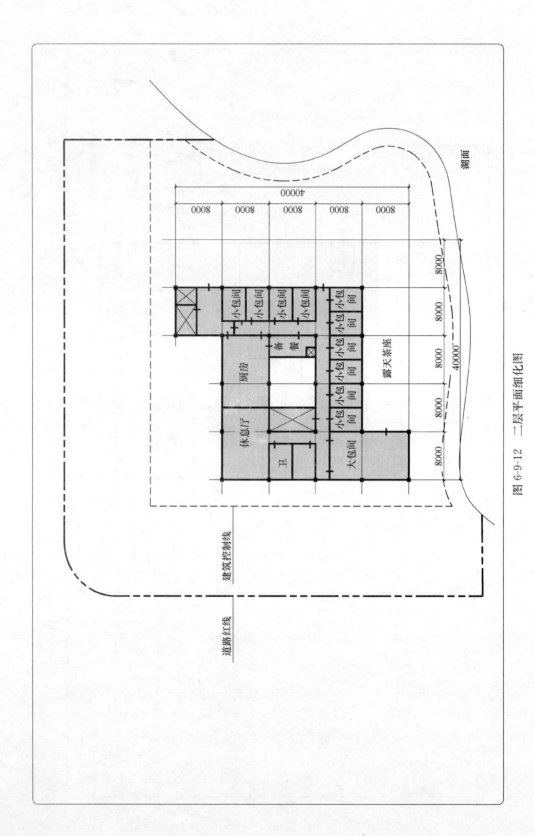

图 6-9-12 二层平面细化图

三、评分标准

评分标准详见表 6-9-3。

2011 年餐馆题目评分标准 表 6-9-3

考核内容		扣分点	扣分值	分值
设计要求	面积	（1）总建筑面积>2090m² 或<1710m²，或未注	扣 5 分	15
		（2）大餐厅（330m²）、大厨房（240m²）面积不满足题目要求（误差±10%）	每处扣 2 分	
		（3）一、二层露天茶座各小于 200m²	每处扣 2 分	
	房间数	（1）缺少房间或多布置房间	每处扣 5 分	
		（2）一、二层露天茶座未设置	每处扣 3 分	
总平面设计	总图布置	（1）建筑物外墙未退城市道路和支路 15m²，或距停车场最近停车位小于 6m	每处扣 3 分	10
		（2）建筑物、露天茶座距湖岸、用地界线小于 3m	每处扣 3 分	
		（3）未保留停车场和湖旁的树木	每处扣 3 分	
		（4）未在两条道路上分别设置顾客入口与后勤入口或无法判断	扣 5 分	
		（5）未布置入口广场、道路或绿化	扣 6 分	
建筑设计	功能流线关系	（1）顾客流线（主入口→门厅→大餐厅、咖啡厅、快餐厅）不合理	扣 10～15 分	35
		（2）一层（食品流线）（后勤入口→大厨房→备餐间→大餐厅）不合理	扣 10～15 分	
		（3）二层（食品流线）（货梯→二层厨房→备餐间→走道→包间）不合理	扣 10～15 分	
		（4）货梯未画，未设在一层、二层备餐间内	扣 5～8 分	
		（5）食梯未画，未设在一层、二层配餐间内	扣 5 分	
		（6）快餐厅未临近西侧城市道路，或未设独立出入口	扣 5 分	
		（7）快餐厅与快餐制作间未连通	扣 5 分	
		（8）主楼梯不临近门厅	扣 5 分	
		（9）顾客男女厕所门直接开向餐饮空间，或厨师用淋浴厕所门直接开向厨房	各扣 5 分	
	房间尺寸布置	（1）大餐厅未按题目要求设计成矩形，或长宽比>2:1	扣 5 分	
		（2）单桌包间开间小于 4m，或不合理	每间扣 1 分	
		（3）大包间房间长宽比>2:1，或不合理	扣 3 分	
		（4）厨师休息室、男女更衣、淋浴、厕所未独立成区布置，或未靠近后勤出入口	扣 2～5 分	
		（5）顾客男女厕所未详细布置，或设计不合理	扣 2～5 分	
		（6）楼梯尺寸错误（梯间进深小于 4.6m，梯段净宽小于 1.2m），或其他设计不合理，无法使用	扣 5 分	

续表

考核内容		扣分点	扣分值	分值
建筑设计	朝向采光	（1）一层大餐厅、咖啡厅未朝向湖面	每处扣5分	10
		（2）二层10个单间小包间未朝向湖面	每处扣2分	
		（3）六桌包间未朝向湖面	扣5分	
		（4）一、二层露天茶座未朝向湖面，或无法与室内顾客使用部分联系	每项扣5分	
		（5）餐厅、咖啡厅、厕所、厨房无采光	每间扣2分	
		（6）疏散楼梯间无采光	扣3分	
	结构布置	（1）结构布置混乱或体系不合理	扣2～5分	5
		（2）一、二层局部结构未对齐	扣2分	
	规范要求	（1）只设一部疏散楼梯间（开敞楼梯不视为疏散楼梯间），或二层的两部楼梯未用走道相连通	每处扣15分	20
		（2）楼梯间在一层未直接通向室外（或到安全出口距离大于15m）	每处扣10分	
		（3）袋形走道两侧或尽端房间到最近安全出口距离大于22m（到非封闭楼梯大于20m）	每处扣5分	
		（4）大餐厅、大厨房未设两个或两个以上疏散出口	每处扣3分	
		（5）卫生间位于餐厅、咖啡厅、快餐厅和厨房上方	每处扣3分	
		（6）主入口未设轮椅坡道、入口平台宽度不足2m，未设无障碍卫生设施或设置不合理（共3处）	每处扣3分	
		（7）厨房与其他房间之间未设防火门	每处扣3分	
		（8）其他不符合规范者	扣3～5分	
图面表达		（1）门窗未画全，或尺寸标注不全	扣2～5分	5
		（2）图面粗糙（未布置一两组餐桌）	扣2～5分	

第十节　单层工业厂房改建社区休闲中心（2012年）

一、题目

（一）任务要求

（1）原有单层工业厂房为预制钢筋混凝土排架结构，屋面为薄腹梁大型屋面板体系，梁下净高10.5m，室内外高差0.15m。首层平面见图6-10-1。
（2）原厂房南北外墙体拆除，仅保留东西山墙及外窗。
（3）原厂房西侧为居住区，拟利用原厂房内部空间改建为2层社区休闲中心。
（4）二层楼面标高为4.5m。

（二）改建规模和内容

改建后面积总计2050m²，一层平面面积约1100m²，二层平面面积约950m²（房间面积均按轴线计算，允许误差±10%）见表6-10-1。

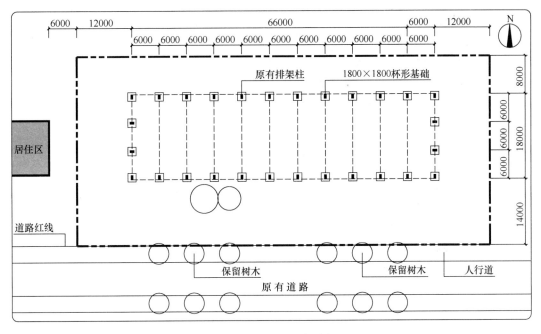

图 6-10-1 一层平面图

房间功能及面积要求　　　　　　　　　　　　　　　　　　　　　表 6-10-1

公共服务用房（199m²）	
门厅及主楼梯间	150m²
服务台	25m²
服务台办公用房 2 间	12m²×2=24m²
商业用房（685m²）	
超市	300m²
咖啡厅兼餐厅	200m²
咖啡厅吧台、工作间	50m²
书吧和书库	100m²+35m²=135m²
休闲健身用房（680m²）	
多功能厅	200m²
多功能厅休息厅、展示厅	160m²
棋牌室 4 间	20m²×4=80m²
健身房、乒乓球室各 1 间	100m²×2=200m²
男、女更衣淋浴卫生间各 1 间	20m²×2=40m²
其他用房（195m²）	
管理办公室 2 间	20m²×2=40m²
公共卫生间 2 套	共 80m²
无障碍专用卫生间	5m²
强电间 2 间	6m²×2=12m²
弱电间 2 间	4m²×2=8m²
空调机房 2 间	25m²×2=50m²
其他：包括公共走道、室外楼梯等交通面积和管道间、竖井等	约 300m²

183

（三）设计要求

（1）总平面要求：在用地范围内设置入口小广场以及连接出入口的道路，在出入口附近布置四组自行车棚，原有道路和行道树保留。

（2）改建要求：原厂房排架柱和杯形基础不能承受二层楼面荷载，必须另行布置柱网，允许在原厂房东西山墙上增设门窗。

（3）功能空间要求：主出入口门厅要求形成两层高中庭空间，多功能厅为层高大于5.4m的无柱空间，咖啡厅和书吧应毗邻布置并能连通。

（4）交通要求：主楼梯结合门厅布置，次楼梯采用室外楼梯，要求布置在山墙外侧。主出入口采用无障碍入口，在门厅适当位置设一部无障碍电梯。

（5）其他用房要求：空调机房和强弱电间应集中布置，上下层对应布置。在一层设置独立的无障碍专用卫生间。

（四）作图要求

（1）合并绘制总平面图及一层平面图一页，另一页绘制二层平面图。

（2）总平面图要求绘制道路、广场、各出入口、绿地及自行车棚。

（3）一层及二层平面图按照设计条件和设计要求绘制。

（4）平面要求绘出墙体（双实线表示）、柱、门、窗、楼梯、台阶、坡道、服务台、吧台等，卫生间要求详细布置。

（5）在需要采用防火门、防火窗的位置，选用并标注其相应的门窗编号。

防火门、窗编号：　　　甲级防火门 FM 甲　　　甲级防火窗 FC 甲

　　　　　　　　　　　乙级防火门 FM 乙　　　乙级防火窗 FC 乙

　　　　　　　　　　　丙级防火门 FM 丙　　　丙级防火窗 FC 丙

（五）提示（图6-10-2、图6-10-3）

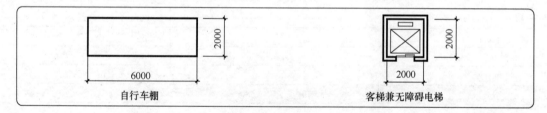

图 6-10-2　图示

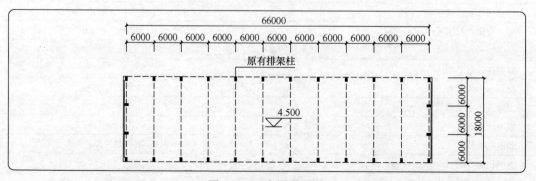

图 6-10-3　夹层平面图

二、解析
（一）读题与信息分类（图6-10-4）

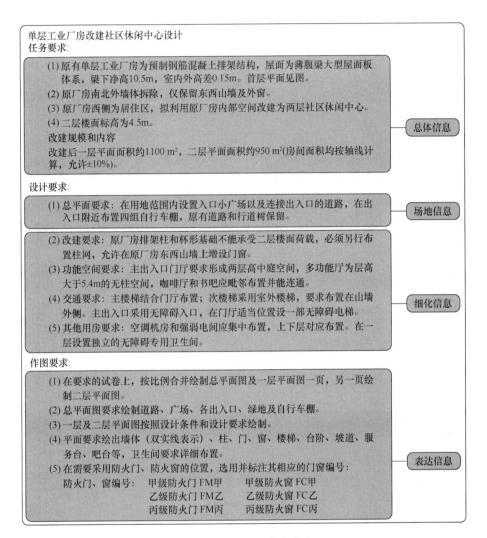

图6-10-4　读题与信息分类

（二）气泡图提炼（图 6-10-5）

图 6-10-5 气泡图提炼

(三) 量化与细化（图 6-10-6～图 6-10-9）

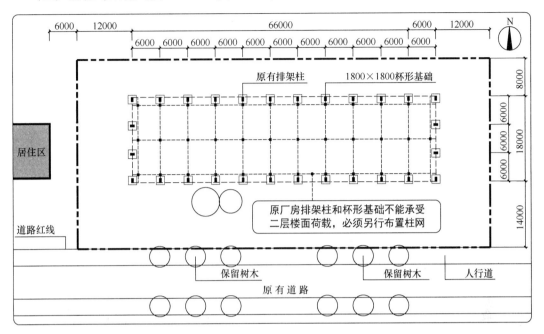

图 6-10-6　柱网确定

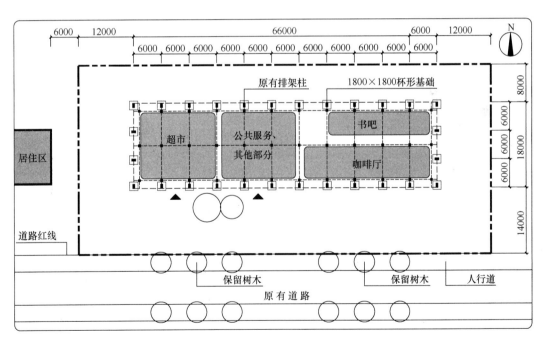

图 6-10-7　气泡量化

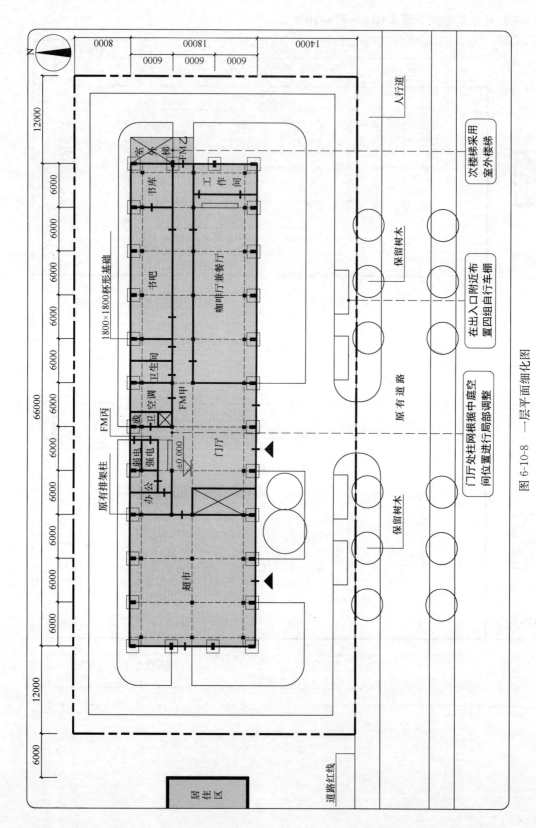

图 6-10-8 一层平面细化图

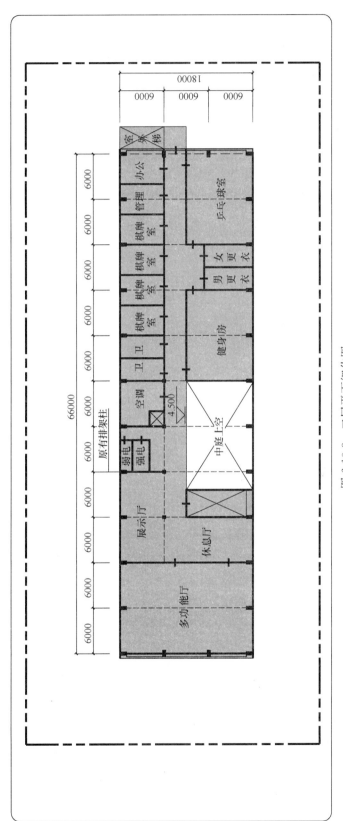

图 6-10-9 二层平面细化图

三、评分标准

评分标准详见表6-10-2。

2012年改建社区休闲中心题目评分标准　　　　　表6-10-2

序号	考核内容		扣分点	分值
1	设计要求	不符题意漏项缺项	主入口门厅未设置中庭或设置不合理	15
			主楼梯未采用楼梯间	
			次楼梯室外楼梯未设或未按要求设置	
			多功能厅层高小于5.4m	
			房间功能要求缺项(包括男女更以淋浴卫生间、6个设备用房)、楼梯间数量多于2个	
			超市、书吧、咖啡厅、多功能厅的房间面积,增加或减少10%以上	
2	总平面设计	总平面布置	休闲中心主入口前未设计小广场,或无法判断	10
			建筑各出入口与厂区原有道路未连接,或无法识别	
			未布置自行车棚,总数少于4组	
			其他设计不合理	
3	建筑设计	平面布置	服务台不在门厅明显位置,过于隐蔽	30
			超市未靠近居住区一侧,超市没有直接对外的出入口	
			咖啡厅、书吧无法独立使用;未毗邻布置或毗邻未连通	
			书吧书库、咖啡厅工作间供应流线不合理	
			多功能厅平面形状不合理(矩形平面长宽比超过2:1)或平面内设柱	
			多功能厅未靠近主要安全疏散出口	
			多功能厅、休息厅、展示厅不临近多功能厅	
			展示厅设置不合理	
			健身房、乒乓球房未临近男女更衣淋浴卫生间,或未设男女更衣淋浴卫生间	
			卫生间、淋浴间布置在咖啡厅或超市上部(未做任何处理)	
			棋牌室未集中布置或少于4间	
			其他设计不合理	
		无障碍设计	建筑主入口未采用无障碍入口,或无障碍入口坡度大于1:50	10
			门厅未布置无障碍电梯或位置不当	
			未设置残疾人专用卫生间,或无法判断	
			残疾人专用卫生间平面净尺寸小于2.0m×2.0m	
			其他设计不合理	
		设备用房	每层3个设备用房(空调机房、强电间、弱电间)	10
			空调机房、强弱电间未集中布置,上下未对应布置	
			空调机房门未采用乙级防火或门未向疏散方向开启	
			强电间、弱电间未采用丙级防火门或门未向疏散方向开启	
			其他设计不合理	

续表

序号	考核内容	扣分点		分值
3	建筑设计	结构布置	支撑二层楼面的新增结构体系未设置或不能成立	10
			新增结构体系与原厂房结构未脱开	
			夹层新增结构柱表示错误	
			其他设计不合理	
		规范要求	只设一部楼梯，或设有两个及以上楼梯但仍不满足安全出口要求	10
			袋形走道长度不满足规范要求（27.5m）	
			窗洞口距离室外疏散梯小于2.0m，且未采用乙级防火窗	
			开向二层室外楼梯平台的疏散门未采用乙级防火门	
			咖啡厅、超市、多功能厅只有一个房门的或虽有两个疏散门但两门净距小于5m	
			其他违反规范设计	
4	图面表达	图面表达不正确或粗糙		5

注：1. 出现后列情况之一者，本题总分为0分：
　① 方案设计未画楼梯者；
　② 方案设计只画一层未画二层；
　③ 房间布置超出原厂房平面范围。
2. 出现后列情况之一者，本题总分乘0.9：
　① 平面图用单线或部分单线表示；
　② 主要线条徒手绘制；
　③ 夹层标高不表示。

第十一节　幼儿园（2013年）

一、题目

（一）设计条件及要求

某夏热冬冷地区居住小区内，新建一座六班日托制幼儿园，每班为30名儿童，拟设计为2层钢筋混凝土框架结构建筑，建筑退道路红线不应小于2m，用地见图6-11-1。当地日照间距系数为正南向1.4，本用地内部考虑机动车停放，场地不考虑高差因素，建筑室内外高差为0.3m。

（二）建筑规模及内容

总建筑面积：1900m² （面积均按轴线计算，允许±10%），见图6-11-2、表6-11-1。

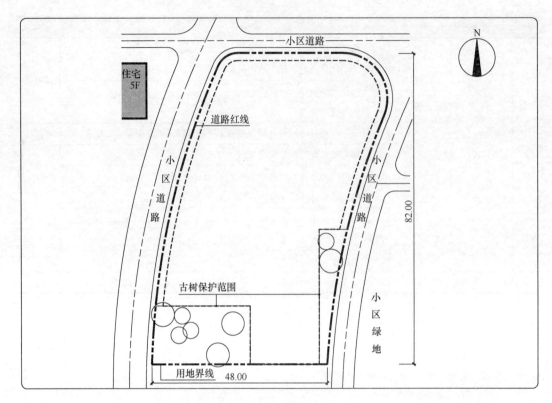

图 6-11-1 场地总图

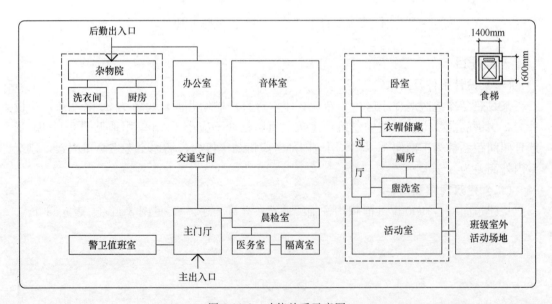

图 6-11-2 功能关系示意图

房间功能及面积要求　　　　　　　　表 6-11-1

生活用房（6个班，每班单独设置）	共计 1030m²
活动室	6×55=330
卧室	6×55=330
卫生间（盥洗间、厕所）	6×16=96
衣帽储藏间	6×12=72
过厅	6×12=72
音体室（6个班合用）	130
办公及辅助用房	共计 198m²
警卫值班	10
晨检室	18
医务室	20
隔离室	15
园长室	12
财务室	20
资料室	25
办公室	35
教工厕所	2×9=18
无障碍厕所	7
强电间、弱电间	2×9=18
供应用房	共计 147m²
开水房	15
洗衣间	18
消毒间	15
厨房（含加工间 45m²、库房 15m²、备餐 2×16=32m²、更衣间 7m²）	99
交通空间门厅面积 100m² 左右、楼梯走道等按照现行建筑设计规范要求设置	

（三）其他设计要求

（1）幼儿园主出入口应设置于用地西侧，并设不小于 180m² 的入口广场；辅助后勤出入口设置于用地东北侧，并设一个 150m² 的杂物院。

（2）每班设班级室外游戏场地不小于 60m²，不考虑设在屋顶。

（3）在用地内设置不小于 100m² 的共用室外游戏场地，布置一处三分道、长度为 30m 的直线跑道。

（4）厨房备餐间应设一部食梯，尺寸见图。

（5）建筑应按给定的功能关系布置，音体室层高 5.1m，其余用房层高 3.9m。

（6）生活用房的卧室、活动室主要采光窗均应为正南向。

（7）建筑及室外游戏场地均不应占用古树保护范围用地。

（四）作图要求

（1）绘制总平面、一层平面图及二层平面图。

(2) 总平面图要求绘出道路、广场、绿化、场地及建筑各出入口、室外游戏场地及跑道、杂物院。

(3) 标注广场、杂物院及室外游戏场地的面积，注明柱网及用房的开间进深尺寸、建筑总尺寸、标高及总建筑面积。

(4) 绘出柱、墙体（双实线表示）、门、窗、楼梯、台阶、坡道等。

二、解析
（一）读题与信息分类（图 6-11-3）

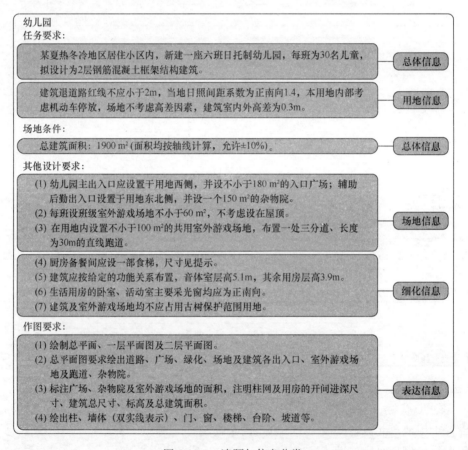

图 6-11-3 读题与信息分类

(二) 场地分析与气泡图深化 (图 6-11-4、图 6-11-5)

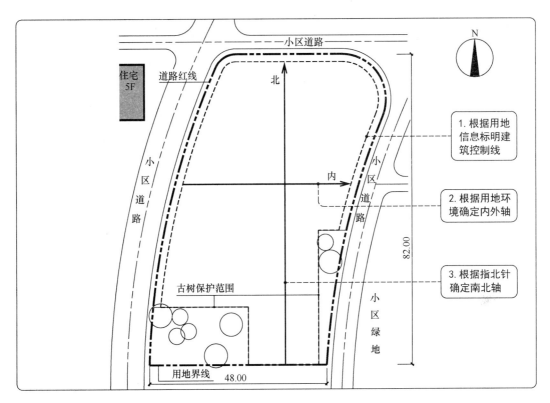

图 6-11-4 场地分析

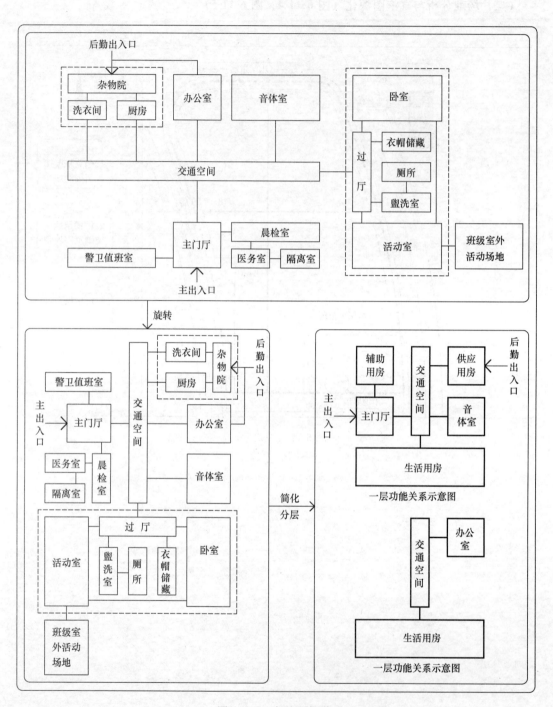

图 6-11-5 气泡图深化

（三）环境对接与场地草图（图 6-11-6、图 6-11-7）

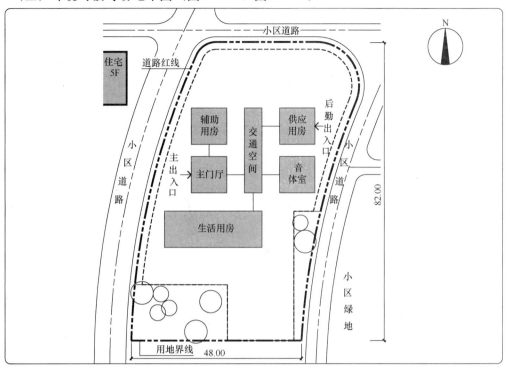

图 6-11-6 环境对接

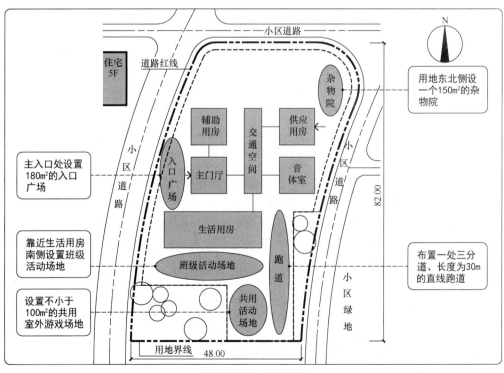

图 6-11-7 场地草图

（四）量化与细化（图 6-11-8～图 6-11-11）

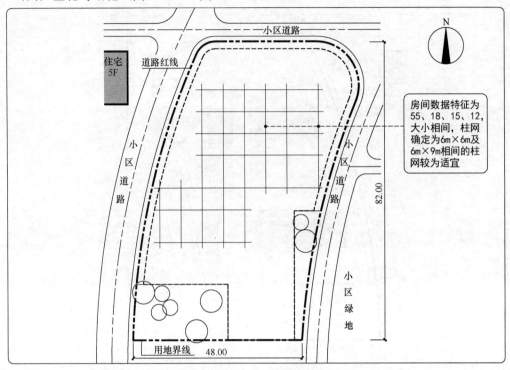

图 6-11-8　确定基本网格

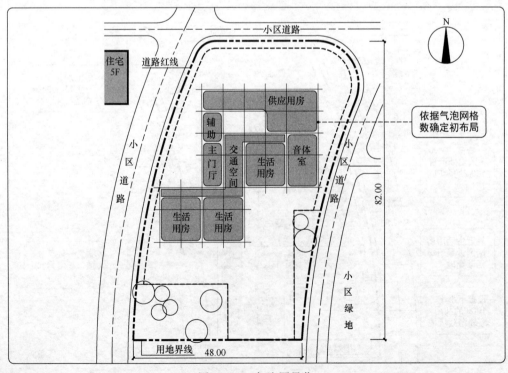

图 6-11-9　气泡图量化

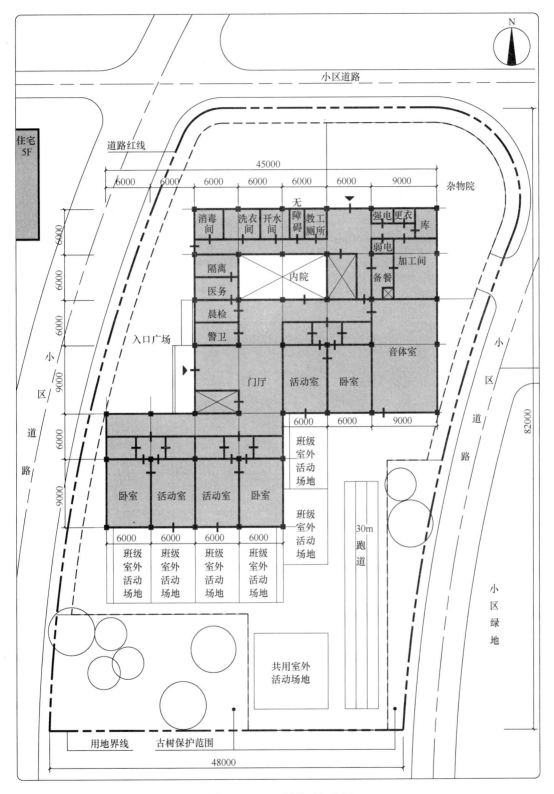

图 6-11-10 一层平面细化图

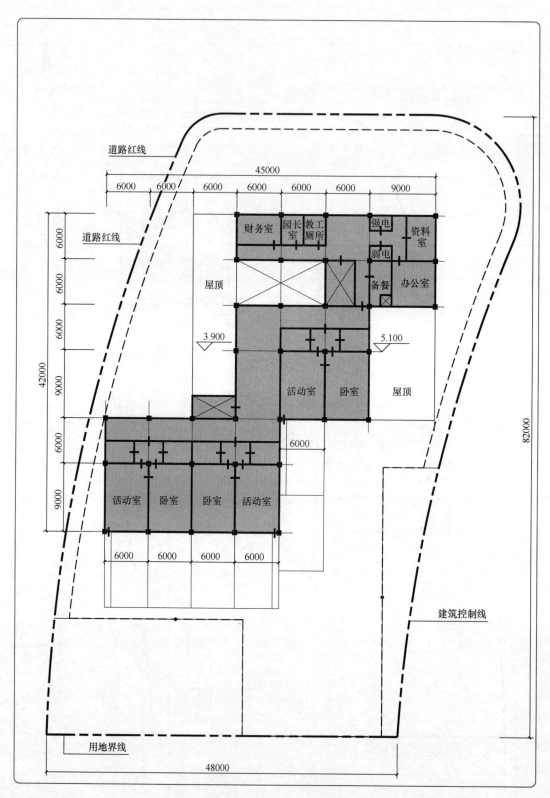

图 6-11-11 二层平面细化图

三、评分标准

评分标准详见表6-11-2。

2013年幼儿园题目评分标准　　　　表6-11-2

考核内容		扣分点	扣分值	分值
空间与面积分配	面积及房间	(1) 总建筑面积大于2090m^2或小于1710m^2，或未注或注错	扣5分	10
		(2) 音体室（130m^2）、活动室（55m^2）、卧室（55m^2），面积不满足题目要求（误差±10%）	每处扣3分	
		(3) 缺少如下房间：门厅、活动室、卧室、卫生间、衣帽间、过厅、值班、晨检、医务、隔离、园长、财务、资料、办公、教工厕所、无障碍厕所、强电与弱电间、开水间、洗衣房、消毒间、厨房	每缺1间扣1分	
总平面设计	总图布置	(1) 建筑物外墙退用地红线不足2m，或无法判断	每处扣2分	25
		(2) 场地主入口不在西侧，后勤出入口不在东北侧，或出入口位置不合理，或未画	每项扣4分	
		(3) 入口广场面积不足180m^2或未设；杂物院面积不足150m^2或未设	每项扣2分	
		(4) 日照间距不满足1.4倍（约11m）	扣15分	
		(5) 班级室外游戏场地未设或位于建筑北侧阴影区内	扣5分	
		(6) 全园共用室外游戏场地未设或位于建筑北侧阴影区内，30m跑道未设	每项扣3分	
		(7) 建筑或场地侵占古树保护范围用地	扣2分	
		(8) 未画道路、绿地，或无法判断	扣3~8分	
		(9) 其他设计不合理	扣3~8分	
建筑设计	功能流线房间布置	(1) 生活用房、办公及辅助用房、供应用房流线交叉、分区混乱，或无法判断（缺项）	扣3~10分	45
		(2) 每班的班级活动室、卧室、衣帽间、卫生间不在同一个单元内，或不合理	扣15~20分	
		(3) 音体室、卧室、活动室未朝向正南向	每项扣10分	
		(4) 厨房流线不合理（厨房入口—更衣—厨房加工间—备餐—食梯），或厨房不能独立成区	扣3~6分	
		(5) 晨检流线不合理（主入口—晨检—医务室—隔离）	扣2~4分	
		(6) 幼儿生活单元与主门厅联系不便，或交通面积明显偏多	扣2~4分	
		(7) 班级厕所和盥洗室未分间或分隔，没有直接的自然采光通风	扣2分	
		(8) 音体室与生活用房联系不便，或与服务用房、供应用房混在一起	扣2分	
		(9) 教工厕所未单独设置，或位置不合理	扣2分	

续表

考核内容		扣分点	扣分值	分值
建筑设计	功能流线房间布置	（10）公共楼梯只有1个	扣10分	45
		（11）公共楼梯多于3个（不含班级专用楼梯）	扣3分	
		（12）食梯位置不合理或漏画	扣2分	
		（13）班级活动室、卧室、音体室的房间长宽比大于2∶1	每间扣2分	
		（14）其他设计不合理	扣3~8分	
	结构布置	（1）未采用框架结构或一、二层柱网未对齐	扣5分	5
		（2）结构柱网布置混乱，结构体系不合理或其他不合理	扣2~4分	
	规范要求	（1）楼梯间在一层未直接通向室外，或到安全出口距离大于15m	扣3分	10
		（2）袋形走道两侧尽端房间到疏散口的距离大于20m（通向非封闭楼梯间的距离大于18m）	扣3分	
		（3）班级生活单元、音体室只有一个通向疏散走道或室外的房门	扣3分	
		（4）卫生间位于厨房垂直上方	扣2分	
		（5）主入口未设无障碍坡道，未设无障碍卫生间或设置不合理	扣2~5分	
		（6）其他不符合规范者	扣3~6分	
图面表达及标注		（1）尺寸标注不全	扣2~5分	5
		（2）柱、墙、门窗绘制不完整	扣2~5分	
		（3）图面粗糙	扣2~5分	
题注		（1）出现后列情况之一者，本题总分为0分：①方案设计未画楼梯者；②方案设计只画一层，未画二层		
		（2）出现后列情况之一者，本题总分乘0.9：①平面图用单线或部分单线表示；②平面尺寸未注；③主要线条徒手绘制		

第十二节 消防站（2014年）

一、题目
（一）设计要求

某拟建二级消防站为2层钢筋混凝土框架结构，总建筑面积2000m²，用地及周边条件见图6-12-1，建筑房间名称、面积及设计要求见表6-12-1、表6-12-2。一、二层房间关系见图6-12-2，室外设施见示意图6-12-3。

（二）其他设计要求

（1）建筑退城市次干道道路红线不小于5.0m，退用地界限不小于3.0m。

（2）消防车库门至城市次干道道路红线不应小于15.0m，且方便车辆出入。

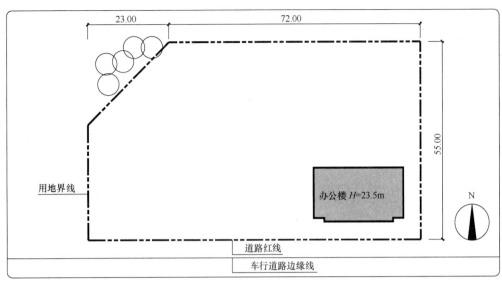

图 6-12-1 场地总图

一层建筑房间组成表   表 6-12-1

层数	分区	序号	房间名称	面积(m²)	数量(间)	设计要求及备注
一层	公共活动区	01	门厅	100	1	
		02	公共宣传教育	60	1	宜直接对外
		03	体能训练室	65	1	
		04	餐厅、厨房,包括:	共110		
			餐厅	65	1	宜设单独出入口
			厨房	30	1	
			主食库	7.5	1	
			副食库	7.5	1	
		05	男卫生间	10		洗手池、小便器和蹲位各1个
	消防车库区	06	消防车库,包括:	共400		
			特勤消防车库		2	进深/开间/层高 15.4m×5.4m×5.4m
			普通消防车库		4	进深/开间/层高 12.5m×5.4m×5.4m
		07	通信室,包括:	共60		与消防车库相邻相通
			通信室	30	1	
			通信值班室	15	1	
			干部值班室	15	1	
		08	训练器材库	45	1	设防火门宜通消防车库
		09	执勤器材库	45	1	设防火门宜通消防车库
		10	器材修理间	25	1	设防火门宜通消防车库
		11	呼吸充气站	25	1	设防火门宜通消防车库
		12	配电间	15	1	设防火门宜通消防车库
	本层小计			965		未计走道及楼梯间面积

二层建筑房间组成表 表6-12-2

层数	分区	序号	房间名称	面积(m²)	数量(间)	设计要求及备注
二层	战士生活区	13	战士班宿舍	每间50	4	每间1班，每班8名男消防员，共4个班
		14	战士班学习室	每间30	4	每班专用，与宿舍相邻
		15	卫生间，包括：	每套55	2套	
			盥洗室	25	每套	每两人设1个手盆
			淋浴间	15	每套	每4人设1个淋浴位
			男厕所	15	每套	每4人设小便器和蹲位各1个
	管理服务区	16	灭火救援研讨室	50	1	
		17	干部办公室	50	1	
		18	干部值班室	25	1	
		19	荣誉室	60	1	
		20	医务室	30	1	
		21	理发室	30	1	
	本层小计			675		未计走道及楼梯间面积

注：1. 房间面积均按轴线计算，允许误差±10%；
2. 消防站的以下功能用房不属于本题考试内容：司务长室、战士俱乐部、其他会议室、储藏室、洗衣烘干房和锅炉房等。

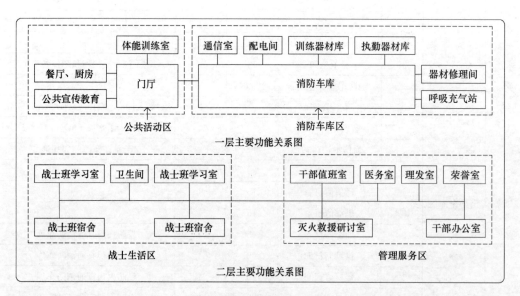

图6-12-2 消防站气泡图

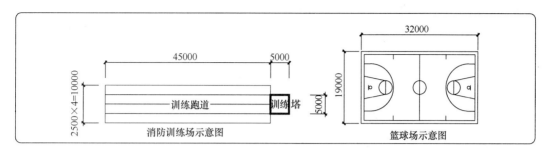

图 6-12-3　消防训练场及篮球场图例

(3) 建筑走道净宽：单面布置房间时不应小于 1.4m，双面布置房间时不应小于 2m。
(4) 楼梯梯段净宽不应小于 1.4m，两侧应设扶手。
(5) 消防车进出库不得碾压训练场。

(三) 作图要求

(1) 合并绘制总平面图及一层平面图，并布置消防训练场和篮球场，标注建筑总长度，建筑与相邻建筑的最近距离、建筑外墙至用地界限的最近距离，以及消防车库门至道路红线的最近距离。
(2) 绘制二层平面图。
(3) 要求绘出墙体（双实线表示）、柱、门、窗、楼梯、台阶、坡道等，并标注开间、进深尺寸，注明防火门窗及等级，卫生间要求详细布置。
(4) 注明楼梯间长度、梯段净宽。
(5) 设计完成后，填写各层建筑面积：
一层为_____ m²，二层为_____ m²，总计_____ m²。

二、解析

(一) 读题与信息分类（图 6-12-4）

总体信息：消防站：面积 2000m²，二层，一层层高 5.4m；
用地信息：道路：南侧为城市次干道；
　　　　　退线：退道路红线不小于 5m，退用地界限不小于 3m；
　　　　　消防车库门至城市次干道道路红线不应小于 15m；
　　　　　场地信息：消防车进出库不得碾压训练场；
分区信息：详见气泡图及面积表；
量化信息：依据消防车的车位，可确定车位处柱网为 5.4m×7.8m，北侧柱网依据辅
　　　　　助房间面积，确定为 5.4m×6m；公共活动区的房间面积数据特征为 60、
　　　　　30，可确定柱网为 7.8m×7.8m；
细化信息：单面布置房间时，走道净宽不应小于 1.4m；
　　　　　双面布置房间时，走道净宽不应小于 2m；
　　　　　楼梯梯段净宽不应小于 1.4m，两侧应设扶手。

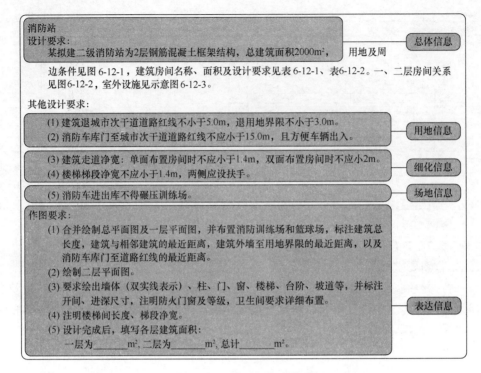

图 6-12-4 读题与信息分类

（二）场地分析与气泡图深化（图 6-12-5、图 6-12-6）

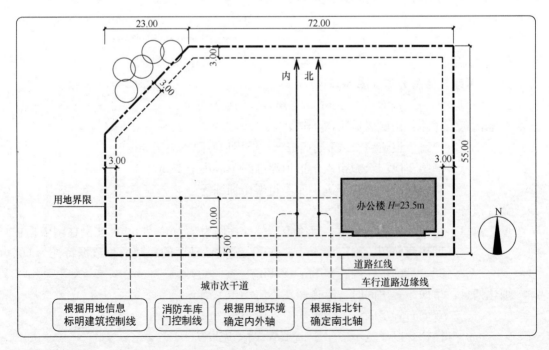

图 6-12-5 消防站场地分析

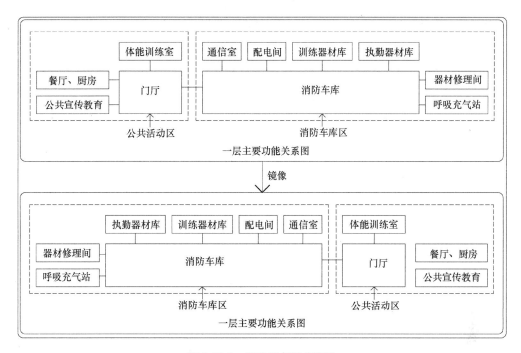

图 6-12-6 消防站气泡图深化

(三)环境对接及场地草图(图 6-12-7)

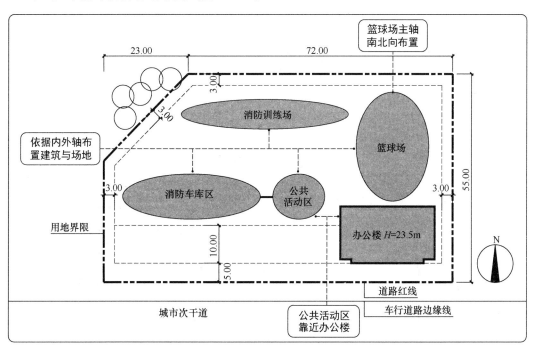

图 6-12-7 消防站环境对接与场地草图

207

(四)量化与细化(图 6-12-8~图 6-12-11)

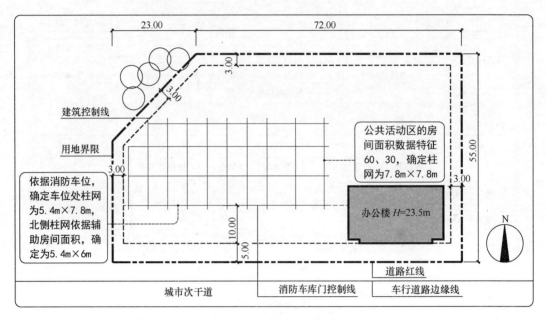

图 6-12-8　消防站基本网格

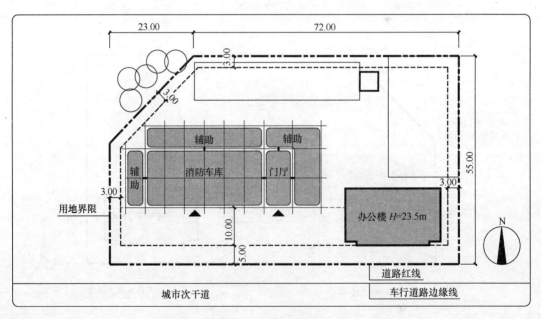

图 6-12-9　消防站气泡量化

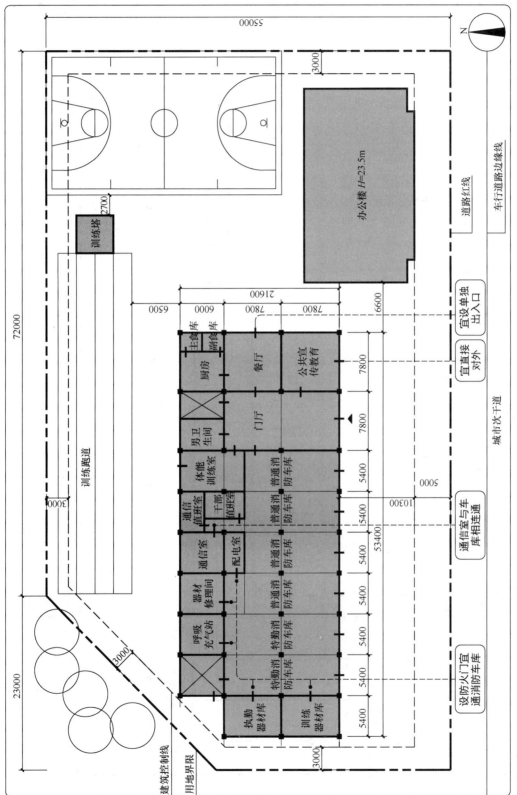

图 6-12-10 一层平面细化图

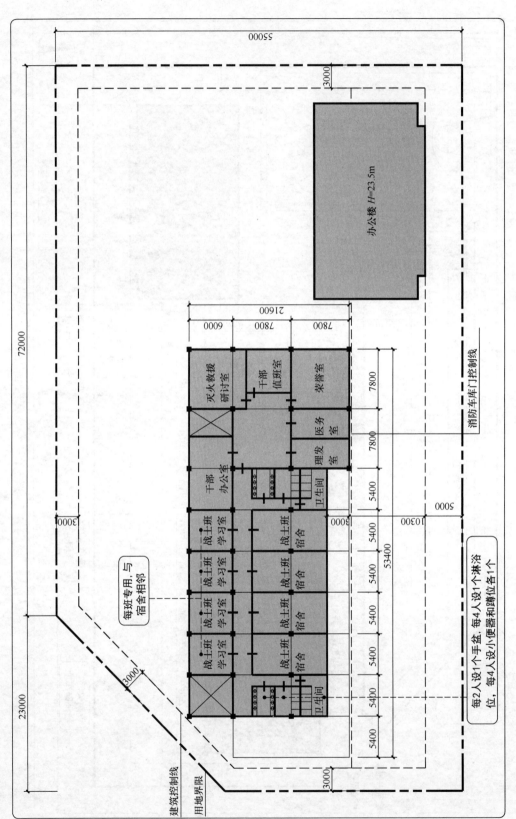

图 6-12-11 二层平面细化图

第十三节 社区服务综合楼（2017年）

一、题目

为完善社区公共服务功能，拟在用地内新建一栋社区服务综合楼，用地西侧、南侧临城市支路，用地内已建成一栋养老公寓及活动中心（图6-13-1）。

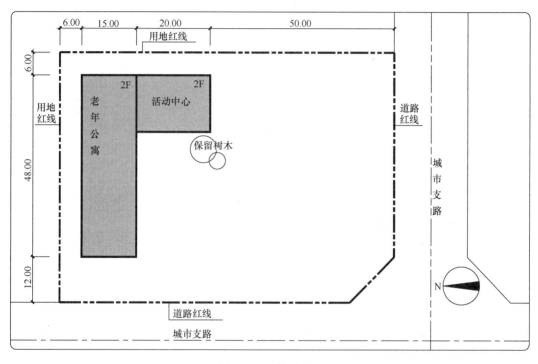

图6-13-1 总平面图

（一）设计要求

社区服务综合楼为二层钢筋混凝土框架结构建筑，总建筑面积1950m²，一层设置社区卫生服务。社区办事大厅及社区警务等功能，二层设置社会保障服务及社区办公等功能，其功能关系见图6-13-2，房间名称、面积见表6-13-1、表6-13-2。

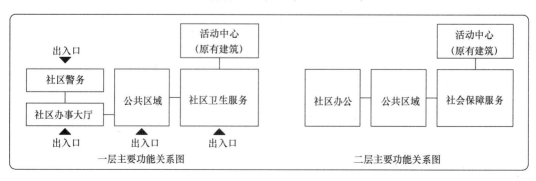

图6-13-2 气泡图

一层房间组成及建筑面积表（975m²）　　　　　表 6-13-1

功能区域	房间名称		面积（m²）	小计（m²）
公共区域	公共门厅		70	160
	卫生间	男：厕位2个、小便斗2个	45	
		女：厕位按规范		
		无障碍厕所1个		
	楼梯、电梯		45	
社区卫生服务	门厅		36	
	挂号收费		18	
	药房		18	
	取药等候		36	
	化验		18	
	诊室（3间）		18×3＝54	
	走廊（含候诊）		48	
	康复理疗		18	
	计生咨询		18	
	输液		36	
	配液		18	
	治疗		18	
	中医科	中医诊室（2间）	18×2＝36	
		针灸室	18	
		走廊（含候诊）	27	
社区办事大厅	社区办事大厅		250	250
社区警务	社区警务室		48	66
	警务值班室（含卫生间）		18	
其他部分	交通辅助部分		82	82

二层房间组成及建筑面积表（975m²）　　　　　表 6-13-2

功能区域	房间名称		面积（m²）	小计（m²）
公共区域	公共大厅		70	160
	卫生间	男：厕位2个、小便斗2个	45	
		女：厕位按规范		
		无障碍厕所1个		
	楼梯、电梯		45	
社会保障服务	社区居家养老办公		36	405
	社区志愿者办公		36	
	老人棋牌室		36×2＝72	
	老人舞蹈室		54	
	老人健身室		54	
	老人阅览室		36	
	老人书画室		36	
	走廊（含展览）		81	

续表

功能区域	房间名称	面积（m²）	小计（m²）
社区办公	办公室	36×5＝180	270
	值班室（含卫生间）	18	
	会议室	72	
其他部分	交通辅助部分	140	140

社区服务综合楼其他设计要求如下：
(1) 建筑退道路红线不小于8m，退用地红线不小于6m。
(2) 建筑日照计算高度为9.8m，当地养老公寓的建筑日照间距系数为2.0。
(3) 与活动中心保持不小于18.0m的卫生间距。
(4) 与活动中心用连廊联系（不计入建筑面积）。

场地机动车停车位设计要求如下：
在用地内设置：1个警务用车专用室外停车位、3个养老公寓专用室外停车位（含1个无障碍停车位）、12个社会车辆室外停车位（含2个无障碍停车位）。

本设计应符合国家的规范和标准要求。

（二）作图要求
(1) 在第3页绘制总平面及一层平面图，标注社区服务综合楼与养老公寓及活动中心间距，退道路红线及用地红线距离；根据用地内交通，景观要求绘制停车位、道路、绿化等，标示出停车位名称。
(2) 在第4页绘制二层平面图。
(3) 绘出结构柱、墙体（双实线表示）、门、窗、楼梯、台阶、坡道等，标注柱网及主要墙体轴线尺寸、房间名称，卫生间应布置卫生洁具。
(4) 在总平面及一层平面中，标注总建筑面积，建筑面积按轴线计算，允许误差±10%。

（三）图例（图6-13-3）

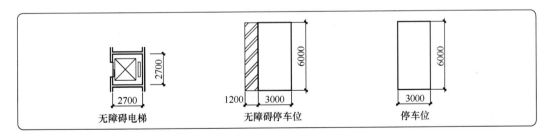

图6-13-3 图例

二、解析
（一）读题与信息分类（图6-13-4）
总体信息：社区服务综合楼：面积1950m²，一层975 m²，二层975m²；层数：二层；

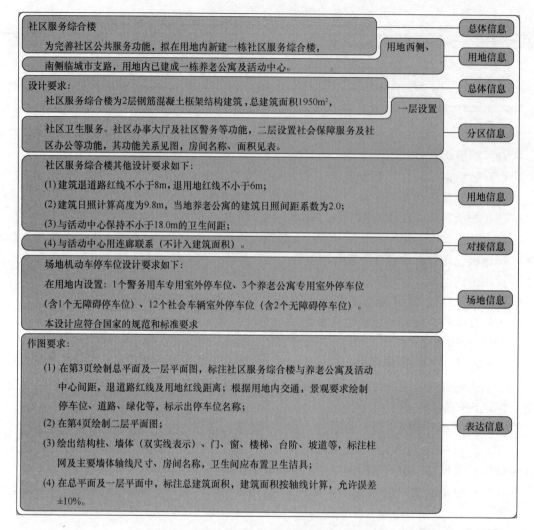

图 6-13-4 读题与信息分类

用地信息：道路：西侧与南侧为城市支路；

退线：退道路红线不小于 8m，退用地界限不小于 6m；与活动中心不小于 18m 卫生间距；与老年公寓日照间距 19.6m（2×9.8m）；

场地信息：1 个警务专用车停车位、3 个老年公寓专用车停车位、12 个社会车辆停车位（含 2 个无障碍车位）；

分区信息：详见气泡图及面积表；

量化信息：原建筑为 15m 进深，一层面积 1020m²，暗示出新建建筑与其同形，面积表数字特征为 18、36、54；可以确定柱网为 6m×6m 及 6m×9m 的混合柱网，房间量化信息详见面积表。

（二）场地分析与气泡图深化

本题类似于场地作图的考题，先确定可建范围再进行分析（图 6-13-5）。

气泡图深化：将气泡图旋转 90°以更加适应场地（图 6-13-6）。

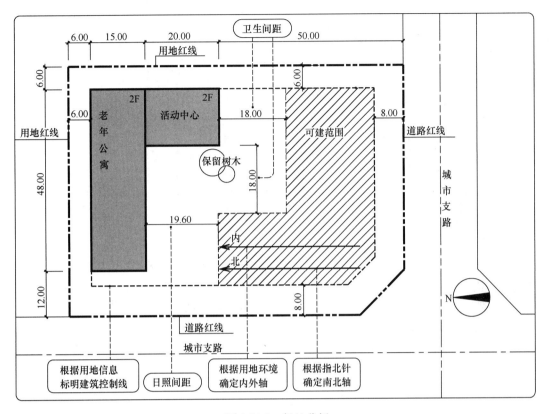

图 6-13-5 场地分析

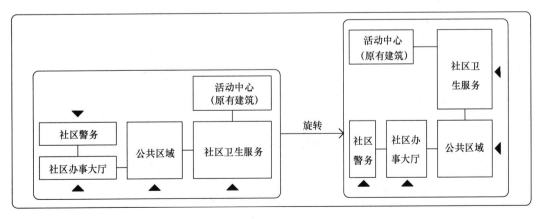

图 6-13-6 气泡图深化

（三）环境对接及总图草图（图 6-13-7、图 6-13-8）

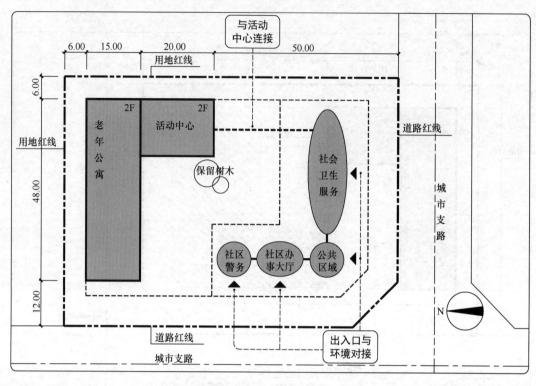

图 6-13-7　环境对接

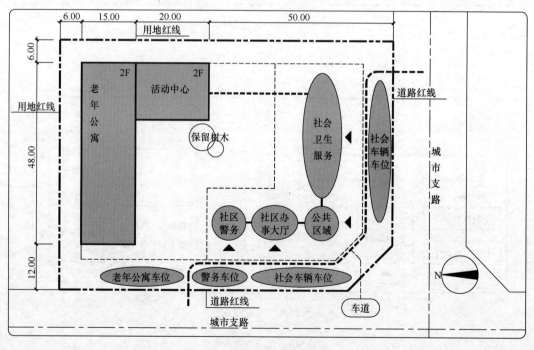

图 6-13-8　总图草图

(四) 量化与细化（图 6-13-9～图 6-13-12）

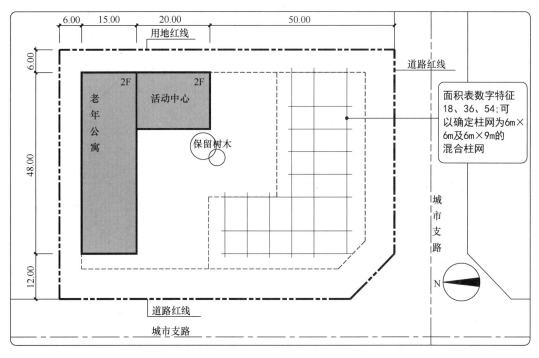

图 6-13-9 基本网格

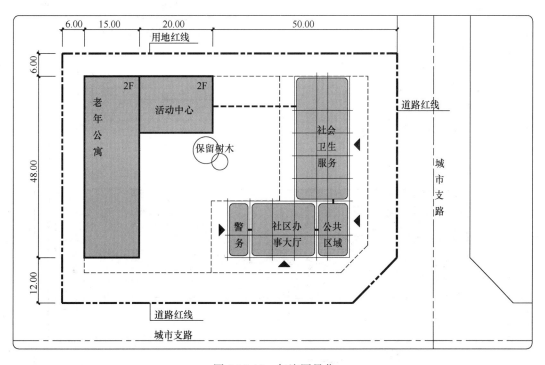

图 6-13-10 气泡图量化

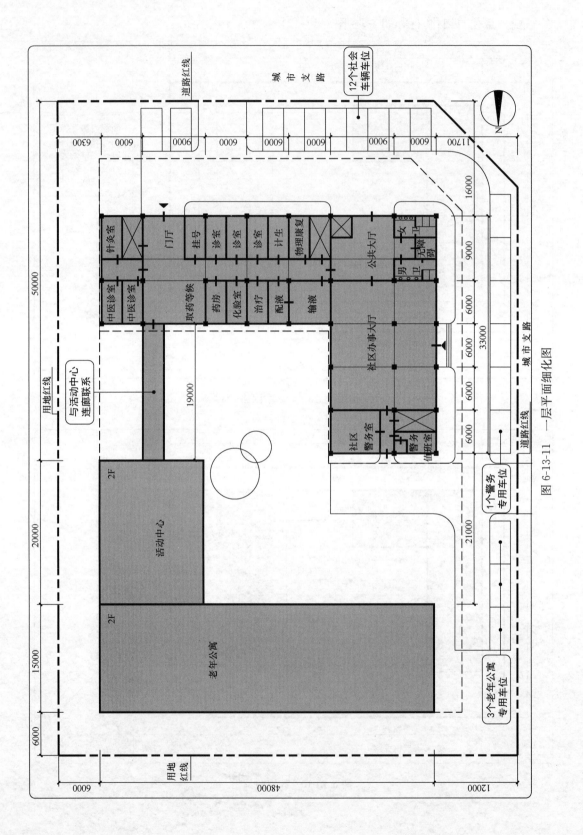

图 6-13-11 一层平面细化图

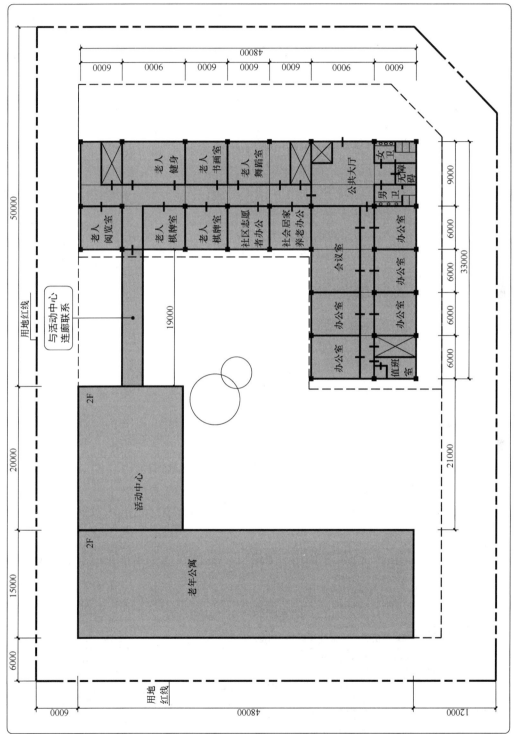

图 6-13-12 二层平面细化图

三、评分标准

评分标准详见表6-13-3。

2017年社区服务综合楼题目评分标准 表6-13-3

考核内容		扣分点	扣分值	分值
建筑指标	总建筑面积	2145m²＜总建筑面积＜1755m²，或总建筑面积未标注，或标注与图纸明显不符	扣5分	5
总平面设计	用地要求	占用保留树木及原有建筑范围	扣10分	20
	距离要求	（1）建筑退道路红线小于8m，或退用地红线小于6m	每处扣5分	
		（2）综合楼与养老公寓间距不足19.6m	扣10分	
		（3）综合楼与活动中心间距小于18.0m	扣10分	
		（4）设置停车场距建筑小于6m	扣5分	
	道路停车	（1）未绘制道路、绿化	扣5~8分	
		（2）未设置1个警务用车专用室外停车位	扣2分	
		（3）未设置3个养老公寓专用室外停车位（含1个无障碍停车位）	扣2分	
		（4）未设置12个社会车辆室外停车位（含2个无障碍停车位）	扣2分	
		（5）其他设计不合理	扣2~5分	
平面设计	房间组成	（1）未按房间组成表设置房间，缺项或数量不符	每处扣2分	10
		（2）社区办事大厅、公共门厅和社区警务面积超过允许误差10%（共三项）	每处扣2分	
		（3）其他功能房间面积明显不符合建筑面积表的要求	每处扣2分	
		（4）房间名称未注或注错	每处扣1分	
	功能关系	（1）未按功能关系图及设计要求进行功能布置，公共区域无法独立使用	扣15分	25
		（2）一层社区卫生服务、社区办事大厅与公共区域联系不便	扣10分	
		（3）一层社区警务与社区办事大厅	扣5分	
		（4）一层社区办事大厅、社区卫生服务及社区警务，未设置独立出入口	各扣5分	
		（5）二层社区办公、社区保障服务与公共区域联系不便	扣5分	
		（6）一层、二层未与活动中心用连廊连接	各扣5分	
		（7）其他设计不合理	扣2~5分	
	公共区域	（1）公共门厅设计不合理	扣3~5分	15
		（2）楼、电梯设计不合理	扣3~5分	
		（3）男、女卫生间共四处，未设置	一处扣3分	
		（4）已设置的男用卫生间厕位不足2个，小便斗不足2个	扣3分	
		（5）已设置的女用卫生间厕位不足6个	扣3分	
		（6）无障碍厕所，未设、未布置或布置不合理	扣2~5分	

续表

考核内容		扣分点	扣分值	分值
平面设计	社会卫生服务区	（7）挂号收费、药房未设等候区	每处扣2分	15
		（8）输液与配液无直接联系	扣2分	
		（9）中医科用房未集中布置	扣2分	
		（10）走廊（含候诊）的净宽度小于2.4m	扣2分	
	其他区域	警务值班室、社区办公值班室未按要求设置卫生间	每处扣2分	
	规范要求	（1）老年人公共建筑，通过式走道净宽小于1.8m	扣5分	12
		（2）疏散楼梯数量少于2个	扣10分	
		（3）与老年功能相关的疏散楼梯未采用封闭楼梯间	扣5分	
		（4）主要出入口（4个）未设置无障碍坡道或设置不合理，或出入口上方未设置雨篷	扣2~5分	
		（5）老年人使用的房间当建筑面积大于50m²时，未设或仅设一个疏散门	扣5分	
		（6）疏散距离不符合规范要求	扣5分	
		（7）其他不符合规范之处	每处扣2分	
	其他	（1）除卫生间、库房等辅助房间外，其他主要功能房间不能直接采光通风	每间扣1分	8
		（2）房间长宽比例超过2：1	扣3分	
		（3）结构布置不合理，或上下不对位	扣3~5分	
		（4）门、窗未绘制	扣3~8分	
		（5）平面未标注尺寸	扣3~5分	
		（6）其他设计不合理	扣2~5分	
图面表达		（1）图面粗糙，或主要线条徒手绘制	扣2~5分	5
		（2）建筑平面绘制比例不一致，或比例错误	扣5分	

第十四节　某社区文体活动中心（2019年）

一、题目

某社区拟建一栋社区文体活动中心，用地南侧及东侧为城市支路，用地内已建有室外游泳池、雕塑区及景观绿地（见图6-14-3）。

（一）设计要求

社区文体活动中心采用钢筋混凝土框架结构，总建筑面积2150m²，一层、二层房间组成与面积要求见表6-14-1及表6-14-2，一层功能关系见图6-14-2。

其他设计要求如下：

（1）建筑南侧退道路红线不小于15m，东侧退道路红线不小于6m，西侧及北侧退用地红线不小于6m。

（2）保留现有游泳池、雕塑区及景观绿地，并将室外游泳池改建为室内游泳馆。

(3) 公共门厅为局部两层通高的共享空间,并与室外现有雕塑建立良好的视线关系。
(4) 室内游泳馆层高8.4m,其他功能区域一、二层层高均为4.2m。
(5) 要求场地内布置15个公共停车位(含2个无障碍停车位),5个内部停车位。
(6) 建筑面积按轴线计算,允许误差±10%。

(二) 作图要求

(1) 绘制总平面及一层平面图,绘制道路、停车位、绿化等,标注机动车出入口、停车位名称与数量,标注建筑物尺寸、建筑物退道路红线及用地红线距离,注明总建筑面积。
(2) 绘制二层平面图。
(3) 平面图中绘出柱、墙体(双线或单粗线)、门(表示开启方向)、楼梯、台阶、坡道、窗、卫生洁具可不表示。
(4) 标注建筑轴线尺寸、总尺寸,标注室内楼、地面及室外地面相对标高。
(5) 注明房间名称。

(三) 示意图(图6-14-1)

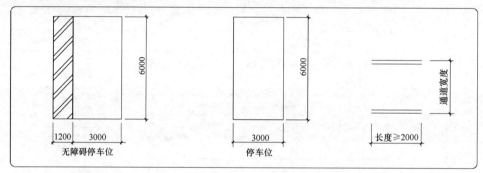

图6-14-1 图例

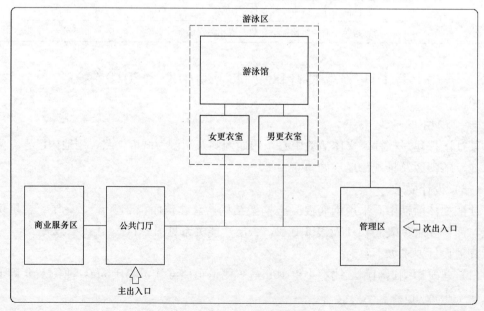

图6-14-2 气泡图

一层房间组成及面积表（1470m²） 表 6-14-1

功能区域	房间名称			面积（m²）	小计（m²）
公共门厅	公共门厅（含总服务台）			216	216
商业服务区	咖啡厅			54	162
	茶室			36	
	便利店			36	
	体育用品店			36	
游泳区	游泳馆			576	576
	男更衣室	更衣		30	81
		淋浴12个		24	
		卫生间		9	
		浸脚消毒池及其他		18	
	女更衣室	更衣		30	81
		淋浴12个		24	
		卫生间		9	
		浸脚消毒池及其他		18	
管理区	救护室			18	72
	管理室			18×3=54	
其他部分	楼梯			36	282
	卫生间	男卫		18	
		女卫		18	
		无障碍卫生间		9	
	交通辅助部分			201	

二层房间组成及面积表（680m²） 表 6-14-2

功能区域	房间名称		面积（m²）	小计（m²）
活动区	美术室		36×2	324
	书法室		36	
	阅览室		54	
	健身房		81	
	乒乓球室		81	
管理区	管理室		36	36
其他部分	楼梯		18	320
	卫生间	男卫	18	
		女卫	18	
		储藏室	9	
	交通辅助部分		257	

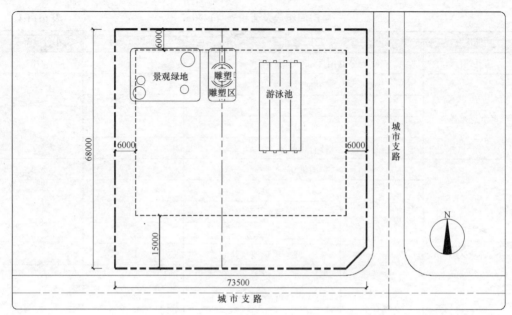

图 6-14-3　总平面图

二、解析
（一）读题与信息分类（图 6-14-4）

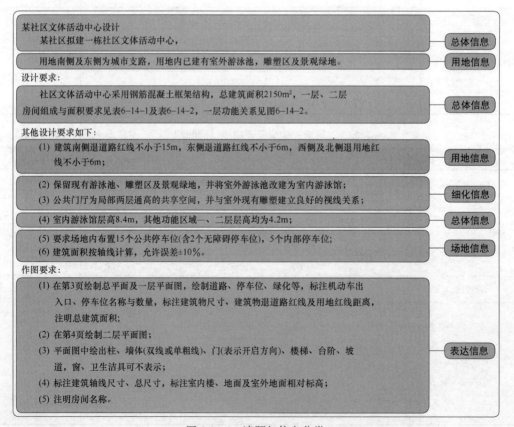

图 6-14-4　读题与信息分类

（二）场地分析与气泡图深化（图 6-14-5）

场地分析：根据用地信息标明建筑控制线；
依据用地环境及指北针确定内外轴及南北轴。

气泡图深化：本题气泡图相对简单清楚，无需变换。

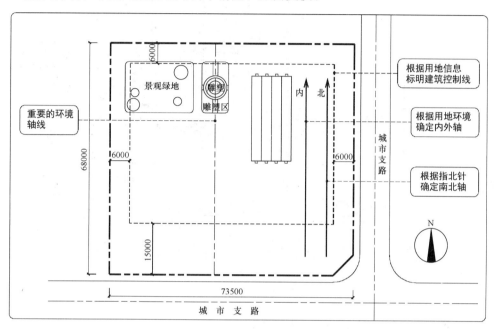

图 6-14-5　场地分析

（三）环境对接与总图草图（图 6-14-6、图 6-14-7）

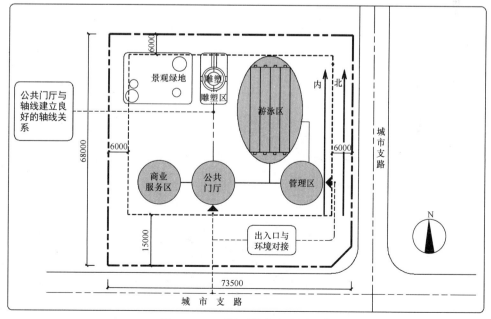

图 6-14-6　环境对接与气泡图固化

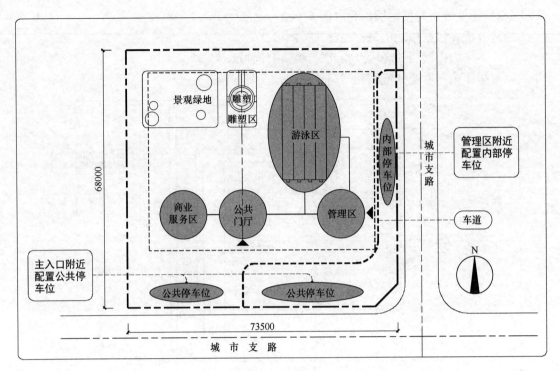

图 6-14-7 总图草图

（四）量化和细化（图 6-14-8、图 6-14-9）

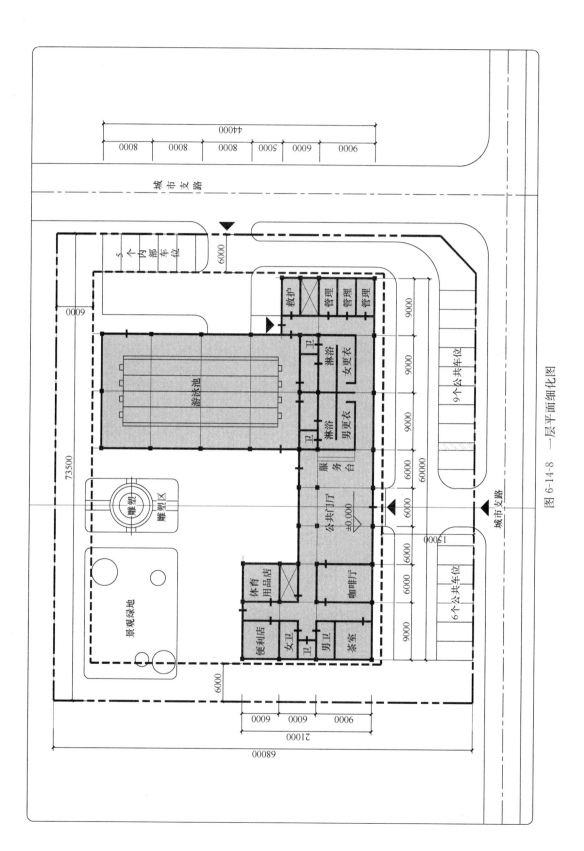

图 6-14-8 一层平面细化图

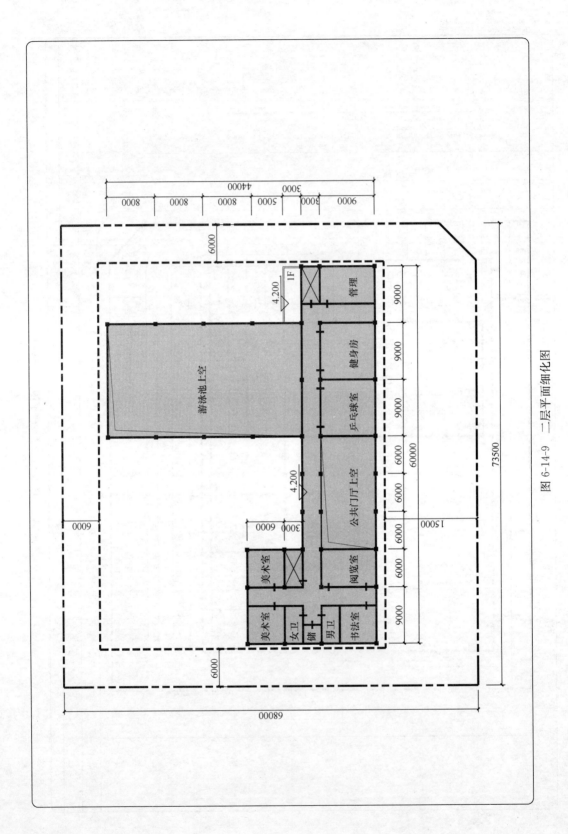

图 6-14-9 二层平面细化图

三、评分标准

评分标准详见表6-14-3。

2019年建筑设计评分标准　　　　表6-14-3

序号	考核内容		扣分点	扣分值	分值
1	建筑指标	指标	不在1935m²＜建筑面积＜2365m²范围内，或建筑面积未标注，或标注与图纸明显不符	扣5分	5分
2	总平面图	布置	① 建筑物南侧退道路红线小于15m，东侧退道路红线小于6m，北侧西侧退用地红线小于6m	每处扣5分	15分
			② 建筑物退道路红线、退用地红线的距离未标注	每处扣1分	
			③ 未绘制基地出入口或无法判断	扣5分	
			④ 未绘制基地平面，未绘制机动车停车位	各扣5分	
			⑤ 20个机动车停车位（3m×6m）数量不足或车位尺寸不符（与本栏④不重复扣分）	扣2分	
			⑥ 机动车停车位布置不合理（与本栏④不重复扣分）	扣2分	
			⑦ 道路、绿化设计不合理	扣3～5分	
			⑧ 占用保留的雕塑区或景观绿地	扣10分	
3	平面设计	房间组成	① 未按要求设置房间、缺项或数量不符	每处扣2分	15分
			② 游泳馆建筑面积不满足题目要求（518.4～633.6m²）	扣5分	
			③ 其他房间面积明显不满足题目要求	扣2～5分	
			④ 房间名称未注、注错或无法判断	每处扣1分	
		功能关系	① 未按功能关系图及设计要求进行功能布置，公共区域无法独立使用	扣15分	15分
			② 商业服务区、管理区、游泳区与公共门厅联系不便	扣10分	
			③ 管理区未与游泳馆联系	扣5分	
			④ 其他设计不合理	扣1～3分	
		其他区域	① 公共门厅未与雕塑区建立良好的视线关系	扣5分	30分
			② 公共门厅设计不合理或未作两层局部通高	扣5分	
			③ 公共门厅未设服务台	扣2分	
			④ 游泳馆内设置框架柱	扣10分	
			⑤ 游泳馆长宽比＞2	扣5分	
			⑥ 游泳馆男女淋浴各12个，不足或未布置	各扣2分	
			⑦ 游泳馆男女更衣未布置浸脚消毒池或无法判断	各扣2分	
			⑧ 游泳池改动或造假	扣5分	
			⑨ 一二层男、女卫生间未设置	每处扣2分	
			⑩ 无障碍卫生间未设或布置不合理	扣2分	
			⑪ 柱网设计不合理或上下不对位	扣5分	
			⑫ 其他设计不合理	扣1～3分	

续表

序号	考核内容		扣分点	扣分值	分值
3	平面设计	规范要求	① 疏散楼梯少于2个	扣8分	10分
			② 疏散距离不满足规范要求	扣5分	
			③ 主要入口未设置无障碍坡道或设置不合理,或出入口上面未设置雨篷	扣2~5分	
			④ 游泳馆安全出口数量少于2个	扣3分	
			⑤ 其他不符合规范之处	每处扣2分	
		其他要求	① 除储藏室和更衣室外其他功能房间不具备直接通风采光条件	每处扣2分	5分
			② 门未绘制或无法判断	扣2分	
			③ 平面未标注轴网尺寸	扣3分	
			④ 其他设计不合理	扣2~5分	
4	图面表达		图面粗糙,或主要线条徒手绘制	扣2~5分	5分
			建筑平面图比例不一致,或比例错误	扣5分	
			室内外相对标高、楼层标高未注或注错	每处扣1分	
第二题小计分		第二题得分		小计分×0.8=	

第十五节 游客中心设计(2020年)

一、题目

某旅游景区拟建2层游客中心,其用地范围和景区入口规划见图6-15-1;游客须经游客中心,换乘景区摆渡车进入和离开景区。

游客中心一层为游客提供售(取)门票、检票、候乘车、导游以及购买商品、就餐等服务,二层为内部办公和员工宿舍。

(一)设计要求

(1) 游客中心建筑面积1900m²(以轴线计算,允许±10%),功能房间面积要求见表6-15-1、表6-15-2。

(2) 游客中心建筑退河道蓝线不小于15m。

(3) 游客进入景区流线与离开景区流线应互不干扰。

(4) 建筑采用集中布局,各功能房间应有自然采光、通风。

(5) 候车厅、售票厅为二层通高的无柱空间。

(6) 游客下摆渡车后,经游客中心专用通道离开景区,该通道净宽应不小于6m。

(7) 场地中需布置摆渡车发车车位、落客车位各2个。

(二)作图要求

(1) 绘制总平面图及一层平面图,注明总建筑面积;绘制二层平面图。

(2) 总平面图中绘制绿化、入口广场和发车、落客车位,注明建筑各出入口名称。

（3）在平面图中绘出墙体（双线绘制）、门、楼梯、台阶、坡道、变形缝、公共卫生间洁具等，标注标高、相关尺寸，注明房间名称。

（4）在二层平面中绘出雨篷，并标注尺寸、标高。

（三）提示

（1）游客中心功能关系图如图 6-15-2 所示。

（2）景区摆渡车发车、落客平台及雨篷示意如图 6-15-3 所示。

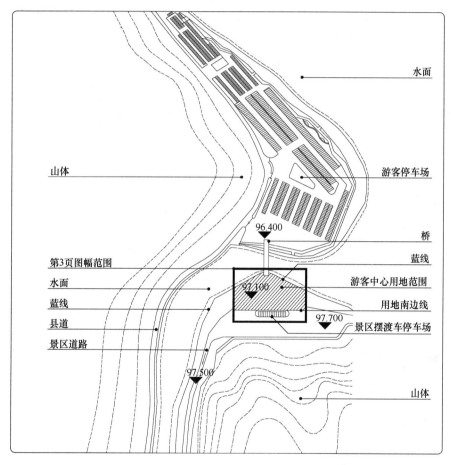

图 6-15-1　景区入口规划图

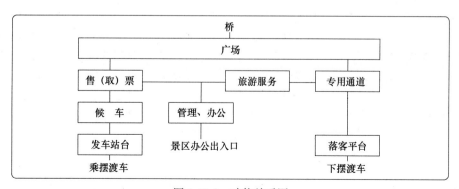

图 6-15-2　功能关系图

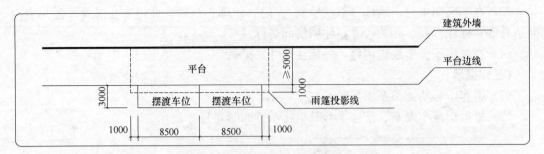

图 6-15-3 景区摆渡车发车、落客平台及雨篷示意

一层功能房间面积分配表　　　　　表 6-15-1

功能分区	房间与区域	数量	面积（m²/间）	小计（m²）
售（取）票	售票厅	1	150	222
	问讯、售票	1	36	
	导游室	1	18	
	票务室	1	18	
候车	候车厅	1	350	408
	公共卫生间		40	
	检票员室	1	18	
旅游服务	快餐厅	1	55	146
	土特产商店	1	55	
	纪念品商店	1	36	
游客离开景区部分	专用通道	1	110	150
	公共卫生间	1	40	
管理办公	内部门厅	1	18	54
	安保、监控室	1	18	
	设备间	1	18	
合计				980

二层功能房间面积分配表　　　　　表 6-15-2

功能分区	房间与区域	数量	面积（m²/间）	小计（m²）
办公	办公室	3	18	97
	会议室	1	18	
	公共卫生间		25	
员工宿舍	标准间（含卫生间）	14	25	375
	学习室	1	25	
合计				472

二、解析
(一)读题与信息分类(图 6-15-4)

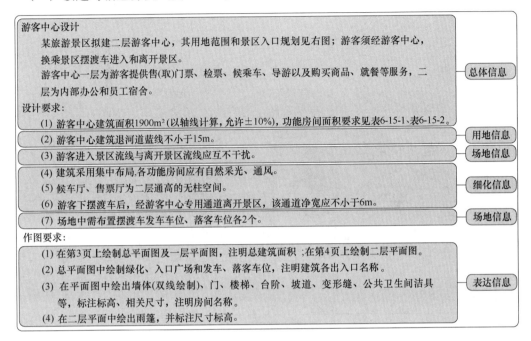

图 6-15-4 读题与信息分类

(二)场地分析(图 6-15-5)

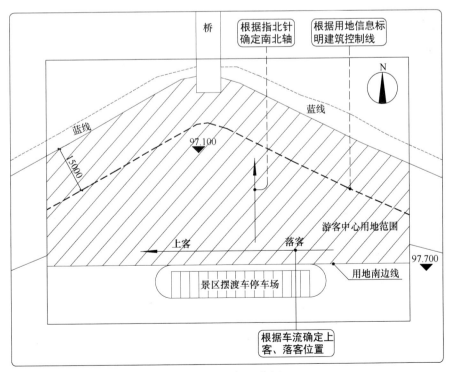

图 6-15-5 场地分析

（三）环境对接（图 6-15-6）

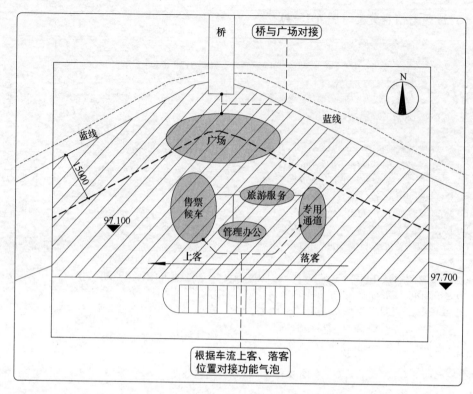

图 6-15-6　环境对接

（四）量化与细化（图 6-15-7、图 6-15-8）

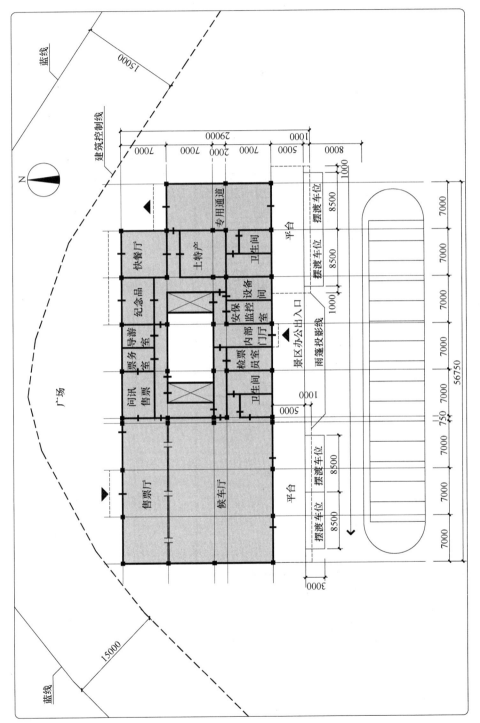

图 6-15-7 一层平面图

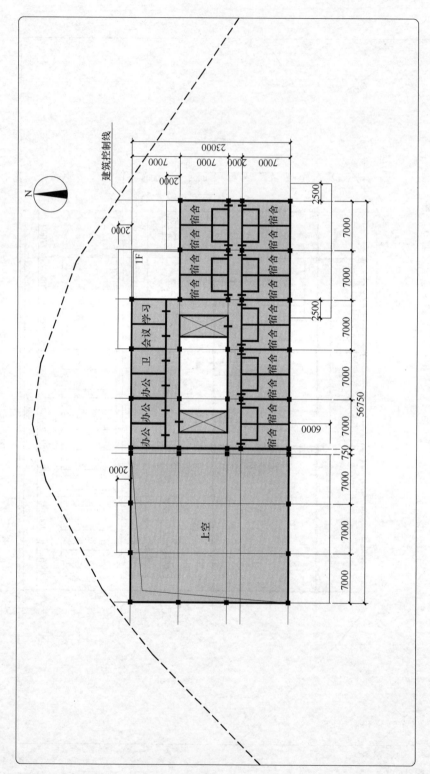

图 6-15-8 二层平面图

第十六节　古镇文化中心设计（2021年）

一、题目

某古镇祠堂现兼作历史文化陈列厅使用，拟结合祠堂及保留的西花园，新建一座古镇文化中心。建设用地由道路红线、祠堂及西花园保护线围合而成。场地条件见图 6-16-1、图 6-16-2。

（一）设计要求

（1）新建建筑为 2 层钢筋混凝土框架结构，总建筑面积 $1600m^2$。一层为文化活动区和民俗展示区，二层为阅览区。主要功能与流线关系见图 6-16-3，具体房间组成与建筑面积见表 6-16-1、表 6-16-2。

（2）新建建筑退让距离如下。

① 一层退古镇老街道路红线不小于 8m，二层退古镇老街道路红线不小于 16m。

② 退益民路道路红线不小于 8m。

③ 退花园巷道路红线不小于 4m。

④ 退祠堂及西花园保护线不小于 4m，连廊可不退保护线。

（3）新建建筑与祠堂以连廊联系，连廊位置如图 6-16-1 所示。

（4）文化活动区和民俗展示区之间既相互联系，又可单独管理。

（5）茶室、室外露天茶座区及开架阅览室直接面向西花园。

（6）设电梯一部。

（7）建筑物室内外高差为 0.3m，二层楼面相对标高为 4.2m。

（8）屋顶为坡屋顶，檐口挑出轴线的长度为 1.0m。

（二）作图要求

（1）绘制一层平面，标注建筑退让距离，注明建筑各出入口、标高、总建筑面积。

（2）绘制二层平面、一层坡屋顶平面，标注建筑退让距离。

（3）绘出结构柱、墙体（双实线表示）、门、楼梯、台阶、坡道，标注柱网轴线尺寸，注明房间名称。

（三）提示

（1）建筑退让距离以外墙轴线计。

（2）建设用地内不考虑机动车停车。

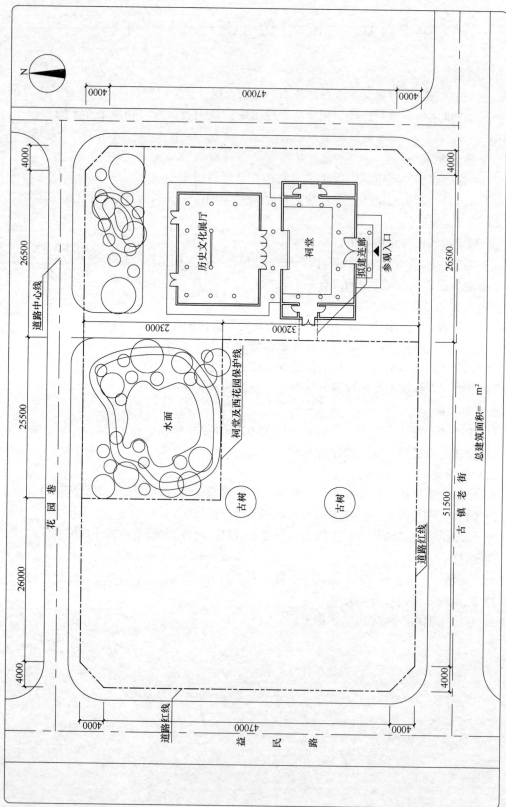

图 6-16-1 总平面及一层平面图

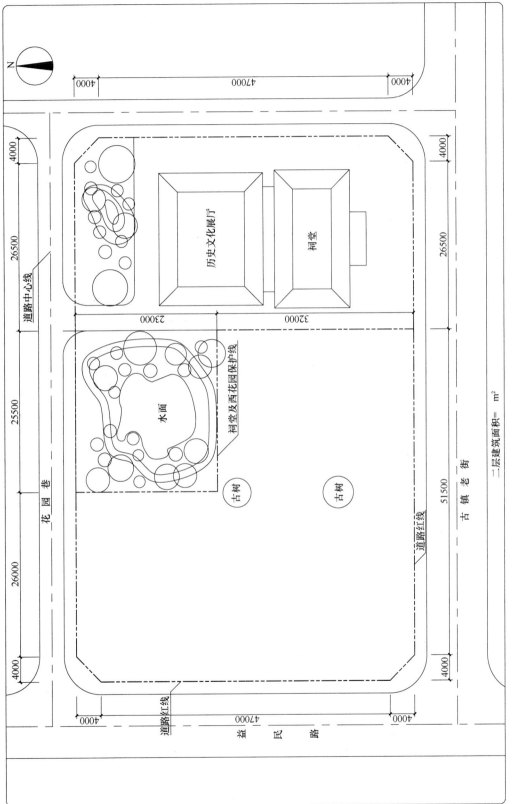

图 6-16-2 二层平面图

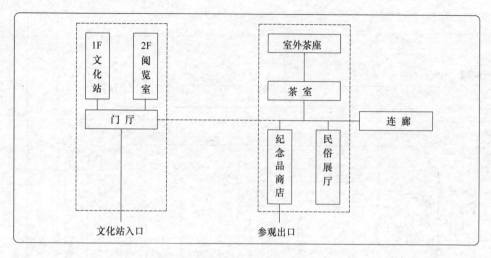

图 6-16-3 功能与流线关系图

一层功能房间面积分配表　　　　　　　表 6-16-1

功能分区	房间及区域		数量	面积（m²/间）	小计（m²）
文化活动区	门厅		1	50	50
	门卫室		1	20	20
	活动室		2	70	140
	办公室		1	30	30
	会议室		1	70	70
	库房		1	30	30
	卫生间	男卫	1	22	50
		女卫	1	22	
		无障碍	1	6	
民俗展示区	民俗展厅		1	140	140
	民俗纪念品商店		1	140	140
	监控室		1	30	30
	茶室		1	100	100
	露天茶座		1	100	100
	卫生间	男卫	1	22	50
		女卫	1	22	
		无障碍	1	6	
交通					180
合计					1030

二层功能房间面积分配表　　　　　　　　　　表 6-16-2

功能分区	房间与区域		数量	面积（m²/间）	小计（m²）
阅览区	开架阅览室		2	140	280
	电子阅览室		1	50	50
	书库		1	30	30
	办公室		1	30	30
	卫生间	男卫	1	22	50
		女卫	1	22	
		开水间	1	6	
交通					130
合计					570

二、解析

（一）读题与信息分类（图 6-16-4）

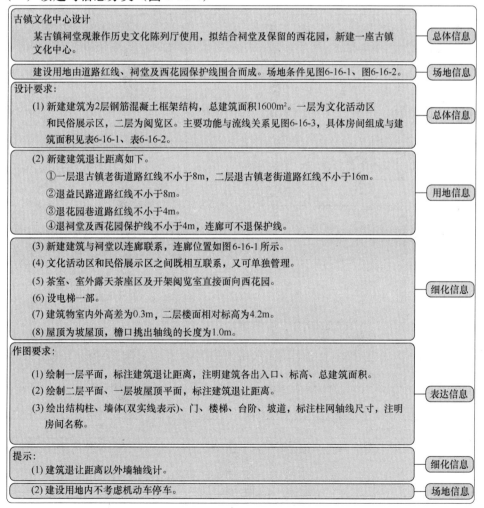

图 6-16-4　读题与信息分类

241

（二）场地分析（图 6-16-5）

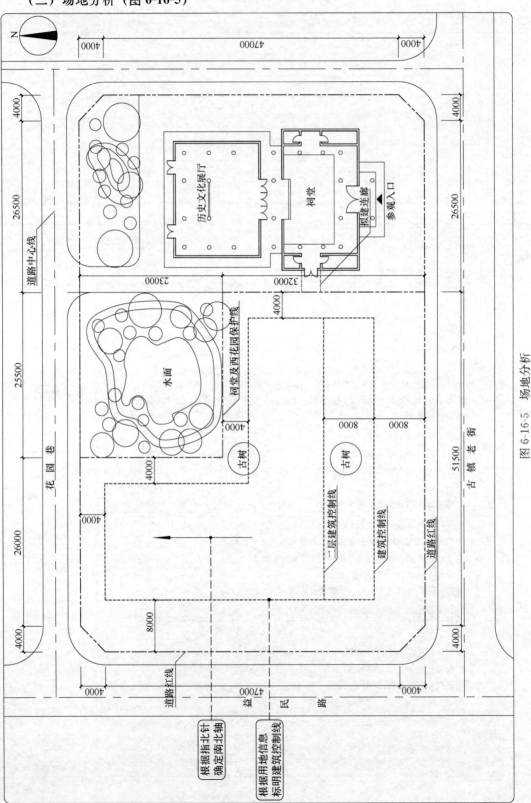

图 6-16-5 场地分析

(三) 环境对接 (图6-16-6)

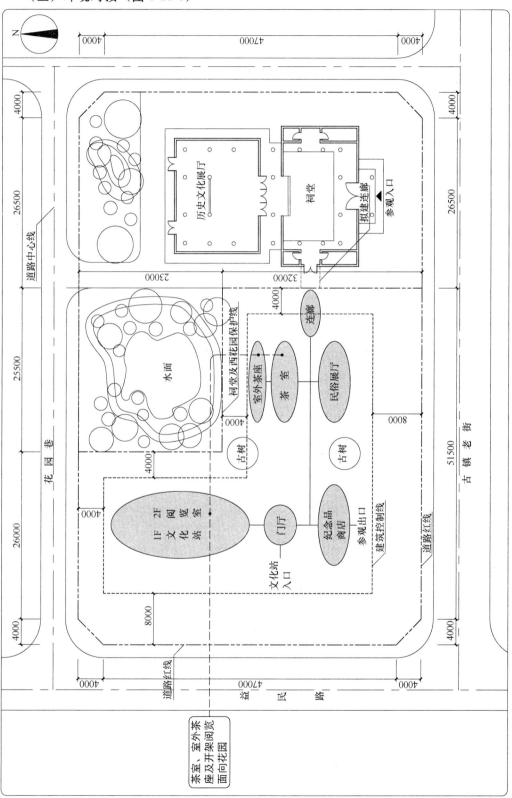

图6-16-6 环境对接

（四）量化与细化（图 6-16-7、图 6-16-8）

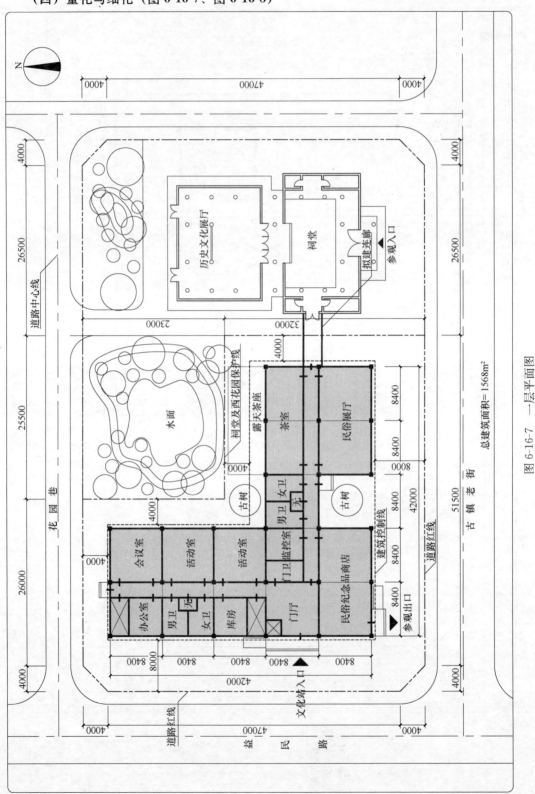

图 6-16-7　一层平面图

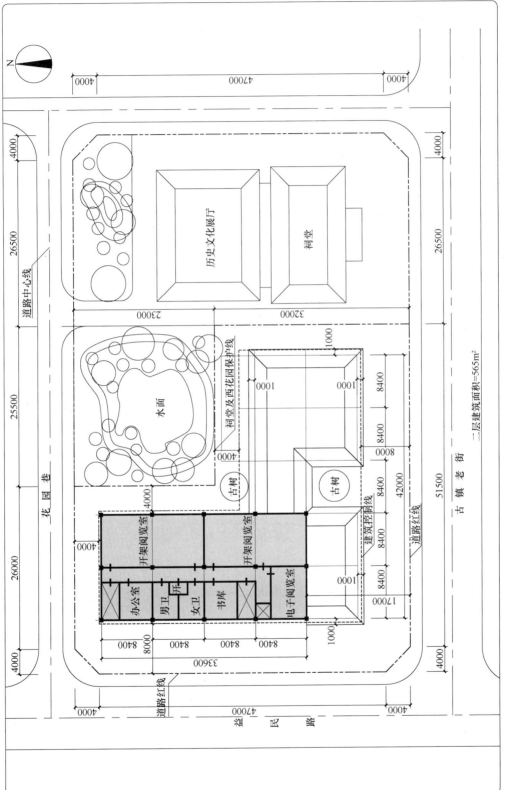

图 6-16-8 二层平面图

第十七节 社区老年养护院设计（2022年）

一、题目

（一）设计条件

某社区拟建一栋老年养护院建筑，总建筑面积1660m²，主要功能组成为老年人全日照料中心、老年人日间照料中心、康复与医疗用房、文娱与健身用房、管理服务用房等，厨房等其他服务用房均依托南侧现有社区公共服务中心。场地内外平整无高差，其他场地条件见图6-17-1。

（二）设计要求

新建建筑为2层钢筋混凝土框架结构，主要功能与流线关系见图6-17-2，房间组成与建筑面积见表6-17-1、表6-17-2，其他要求如下。

（1）退道路红线不小于8m，退用地红线不小于5m。

（2）布置7个普通机动车停车位、2个无障碍机动车停车位及老年人室外活动场地。

（3）老年人建筑日照间距系数为2.0，老年人室外活动场地日照间距系数为1.5，现状建筑日照计算高度 H 见图6-17-1；与北侧现状建筑的卫生视距不小于18m。

（4）老年人居室、休息室应为正南向且面向公园绿地；康复室及医务室应为正南向且应满足老年人建筑日照间距要求。

（5）老年人室外活动场地应满足日照间距要求，并不得贴邻老年人居室。

（6）新建建筑须与社区公共卫生服务中心以连廊连接，设置联系公园的建筑出入口并通过甬路与公园游园路便捷连接。

（7）新建建筑层高均为3.9m，室内外高差0.3m，女儿墙高度为0.6m。

（8）新建建筑主出入口采用平坡出入口。

（三）作图要求

（1）绘制总平面图、一层平面图及二层平面图。

（2）绘出并注明场地主、次入口，建筑各出入口，主要道路，停车位及老年人室外活动场地。

（3）绘出柱、墙体（双实线表示）、门、楼梯、台阶、坡道等。

（4）标注柱网轴线及总尺寸，标注主要房间的开间、进深尺寸，注明总建筑面积、房间名称及室内外标高等。

（5）根据规范要求填空：老年人使用的建筑内走廊净宽不应小于（　）m；确有困难时不应小于（　）m；护理型床位居室的门净宽不应小于（　）m；老年人建筑楼梯踏步最小宽度（　）m，最大高度（　）m；平坡出入口地面坡度不应大于（　）％。

（四）提示与图例

（1）提示：建议采用7.2m×7.2m柱网；场地主出入口位于北侧；需绘制门斗及居室、卫生间，无需绘制窗与洁具。

（2）图例：单位为mm。

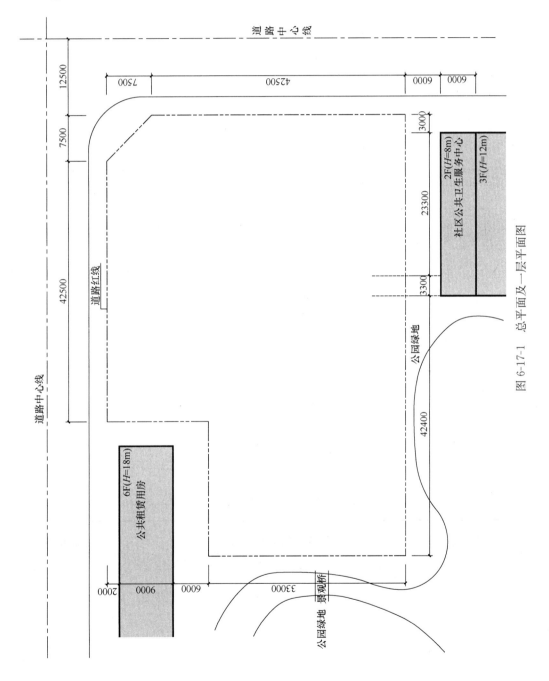

图 6-17-1 总平面及一层平面图

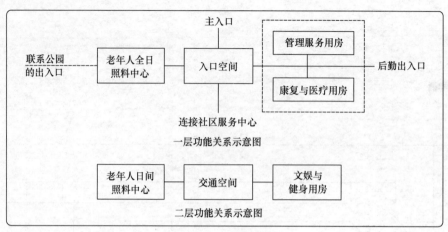

图 6-17-2 功能关系图

一层功能房间面积分配表 表 6-17-1

区域	房间名称		面积（m²）	备注	小计（m²）
入口空间	门厅（带门斗）		50	50	100
	登记接待区		14	三者联通	
	健康评估室		18		
	健康档案室		18		
老年人全日照料中心	居室（带卫生间）		25×10=250	共10间	400
	存药室、护士站		18	两者相通	
	配餐间（含食梯）		12		
	起居厅（餐厅）		72		
	助浴间		18		
	亲情室		18		
	无障碍卫生间		6		
	清洁间		6		
管理服务用房	办公室		18		36
	员工休息室		18		
康复与医疗用房	医务室		25×2=50	共2间	136
	康复室		50		
	公共卫生间	男卫	15	邻近内勤出入口	
		女卫	15		
		无障碍	6		
交通	楼梯、电梯、走廊、候梯厅				208
合计					880

二层功能房间面积分配表 表 6-17-2

区域	房间名称		面积（m²）	备注	小计（m²）
老年人日间照料中心	老年人休息室		150		300
	存药室、护士站		18	两者相通	
	配餐间（含食梯）		12		
	起居厅（餐厅）		72		
	公共卫生间	男卫	15		
		女卫	15		
		无障碍	6		
	被服库		12		
	屋顶晒台			100m²	

续表

区域	房间名称		面积（m²）	备注	小计（m²）
文娱与健身用房	阅览室		50		258
	书画教室		50		
	音乐教室		50		
	健身室		36		
	棋牌室		36		
	卫生间	男卫	15		
		女卫	15		
		无障碍	6		
交通	楼梯、电梯、走廊、候梯厅				222
合计					780

二、解析
（一）读题与信息分类（图6-17-3）

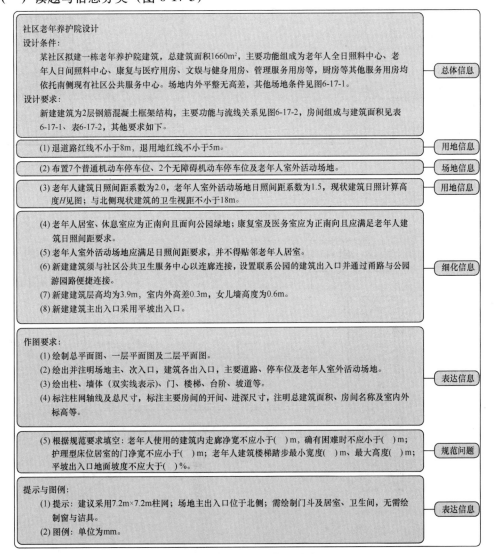

图6-17-3 读题与信息分类

（二）场地分析（图 6-17-4）

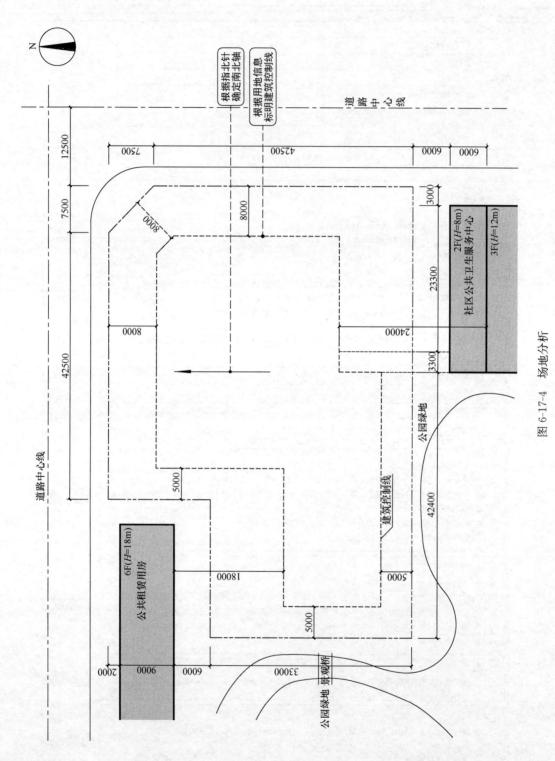

图 6-17-4 场地分析

(三) 环境对接 (图 6-17-5)

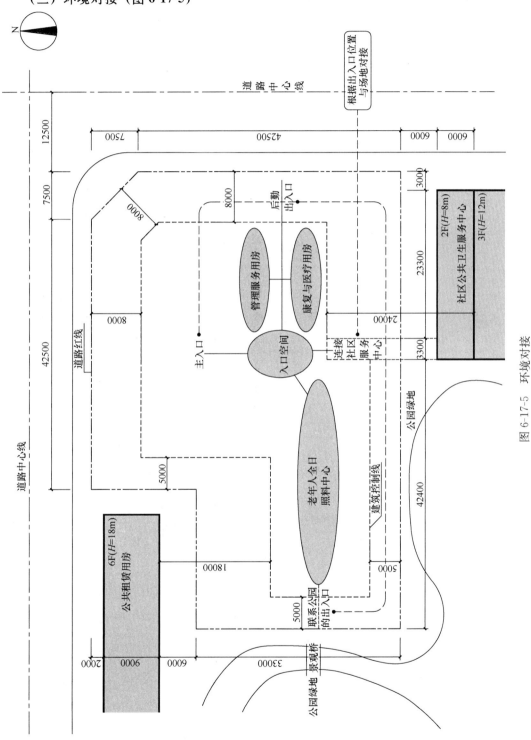

图 6-17-5 环境对接

(四)量化与细化(图 6-17-6、图 6-17-7)

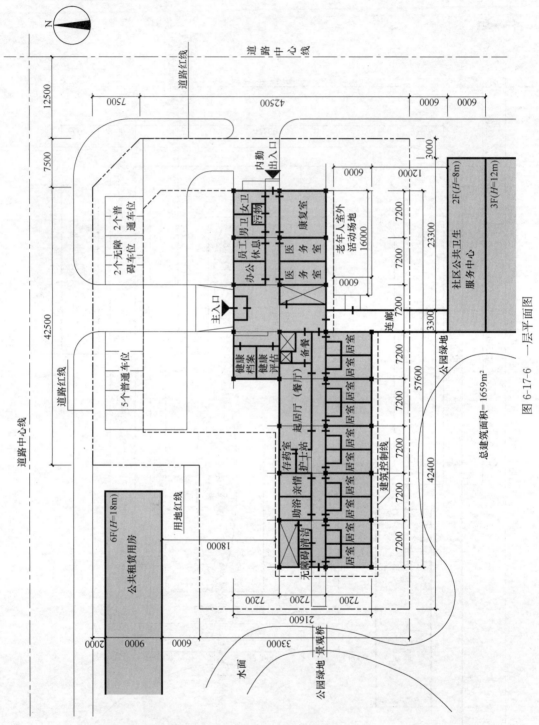

图 6-17-6 一层平面图

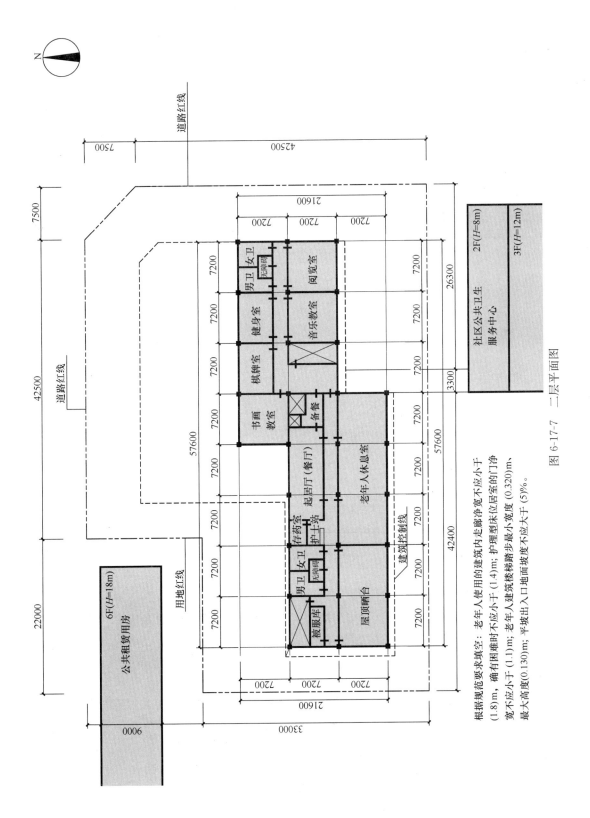

图 6-17-7 二层平面图

第十八节　成人救助中心（2022年冬）

一、题目
（一）设计条件
某社区拟建一栋成人救助中心，总建筑面积2060m²。用地南侧为城市道路，北侧为住宅及小区绿地，用地东、西两侧为预留地，场地内外平整、无高差，其他场地条件见图6-18-1。

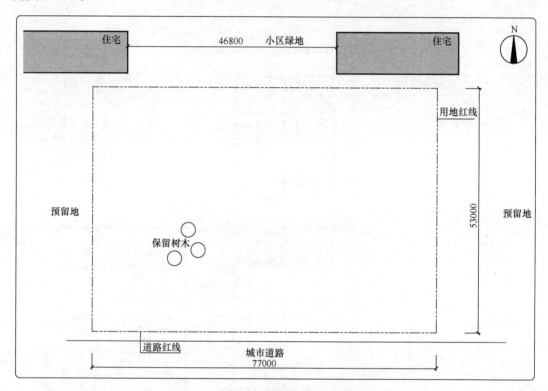

图6-18-1　总平面图及一层平面图

（二）设计要求
新建建筑为2层钢筋混凝土框架结构，主要功能及流线关系见图6-18-2，房间组成与建筑面积见表6-18-1、表6-18-2，其他要求如下：

（1）建筑控制线退南侧道路红线6m，退北侧用地红线3m，退东侧及西侧用地红线6m。

（2）场地设置双车道出入口，布置7个机动车停车位，其中包含1个无障碍车位。

（3）基地内已有古树3棵，需保留。

（4）建筑室内外高差0.15m，建筑主要出入口采用平坡出入口。

（5）建筑一层层高3.9m，二层层高3.6m。计算日照建筑高度为一层5m，二层8.6m，建筑日照间距系数为1.5。

（6）宿舍至少6间南向布置。

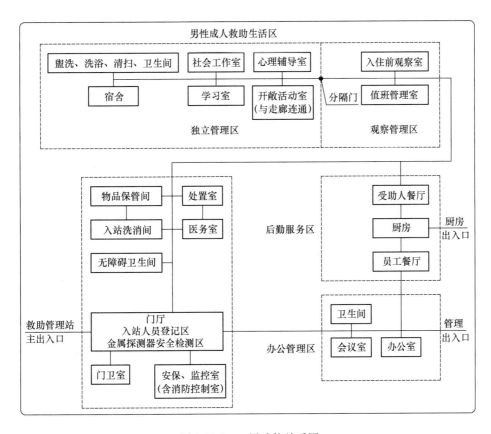

图 6-18-2 一层功能关系图

一层功能房间面积分配表　　　　　　　　　表 6-18-1

区域	房间名称	面积（m²）	采光通风	小计（m²）
接待处置区	门厅	50	#	
	安保监控室	25	#	
	门卫室	25	#	
	入站洗消间	25	#	
	物品保管间	18		
	医务室	15	#	
	处置室	15	#	
	无障碍卫生间	6	#	

续表

区域		房间名称	面积（m²）	采光通风	小计（m²）
男性成人救助生活区	观察管理区	入住前观察室（带卫生间）	25×2	#	50
		值班管理室（带卫生间）	25	#	
	独立管理区	宿舍	25×8	#	200
		心理辅导室	25	#	
		社会工作室	25	#	
		学习室	25	#	
		开敞活动室	50	#	
		盥洗、洗浴、清扫、卫生间	50	#	
办公管理区		会议室	50	#	
		办公室	25×4	#	100
		男、女卫生间	18	#	
后勤区		受助人餐厅	80	#	
		员工餐厅	35	#	
		厨房	100	#	
一层建筑面积					1360

注：#表示需要采光通风。

二层功能房间面积分配表　　表 6-18-2

区域		房间名称	面积（m²）	采光通风	小计（m²）
女性成人救助生活区	观察管理区	入住前观察室（带卫生间）	25×2	#	50
		值班管理室（带卫生间）	25	#	
		备用管理室（带卫生间）	25	#	
	独立管理区	宿舍	25×8	#	200
		心理辅导室	25	#	
		社会工作室	25	#	
		学习室	25	#	
		开敞活动室	50	#	
		盥洗、洗浴、清扫、卫生间	50	#	
二层建筑面积					700

注：#表示需要采光通风。

(7) 建筑柱网采用 7.2m×7.2m，电梯尺寸为 2.5m×2.5m。

（三）作图要求

(1) 按要求绘制总平面图及一层平面图，绘制道路、停车位、绿化等，标注场地出入口、停车位名称与数量，建筑物退道路红线及用地红线距离。

(2) 按要求绘制二层平面图。

(3) 在平面图中绘出结构柱、墙体（双线）、门、楼梯、坡道、雨篷等，标注柱网及主要墙体轴线尺寸、房间名称、室内外标高。

(4) 在总平面及一层平面中，标注总建筑面积，建筑面积按轴线计算，允许误差±10%。

二、解析
（一）读题与信息分类（图 6-18-3）

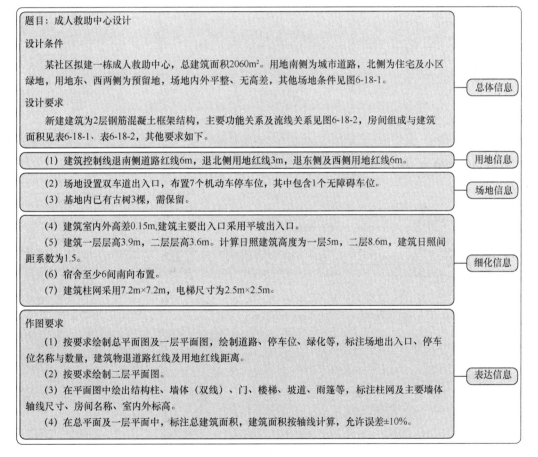

图 6-18-3　读题与信息分类

（二）场地分析（图 6-18-4）

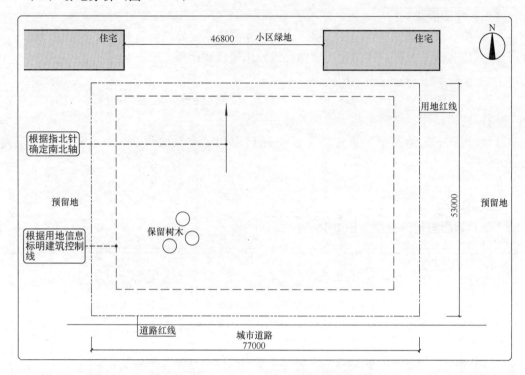

图 6-18-4　场地分析

（三）环境对接（图 6-18-5）

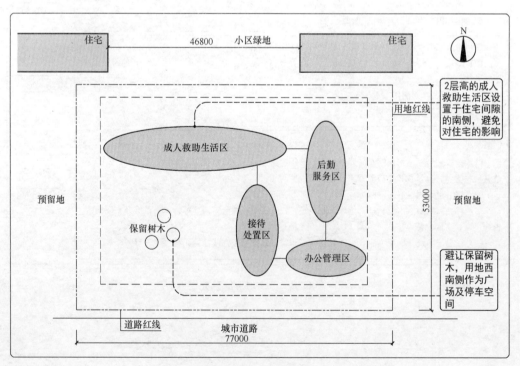

图 6-18-5　环境对接

（四）量化与细化（图 6-18-6、图 6-18-7）

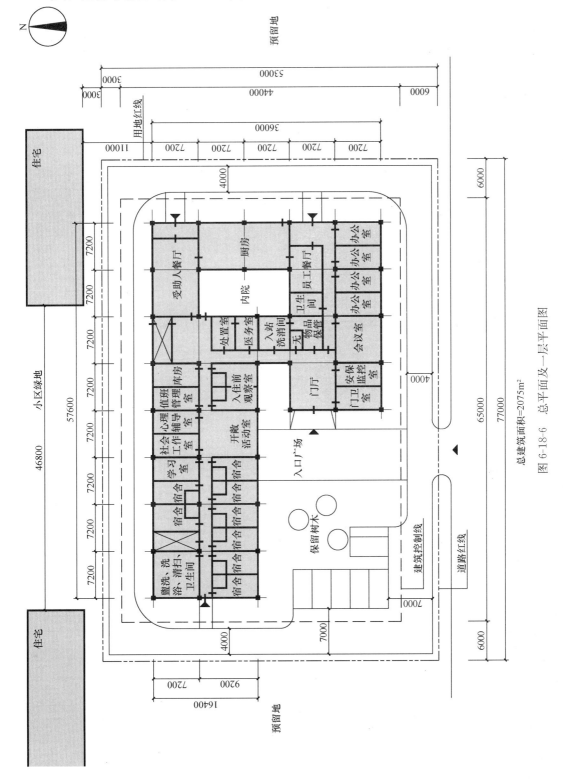

图 6-18-6 总平面及一层平面图

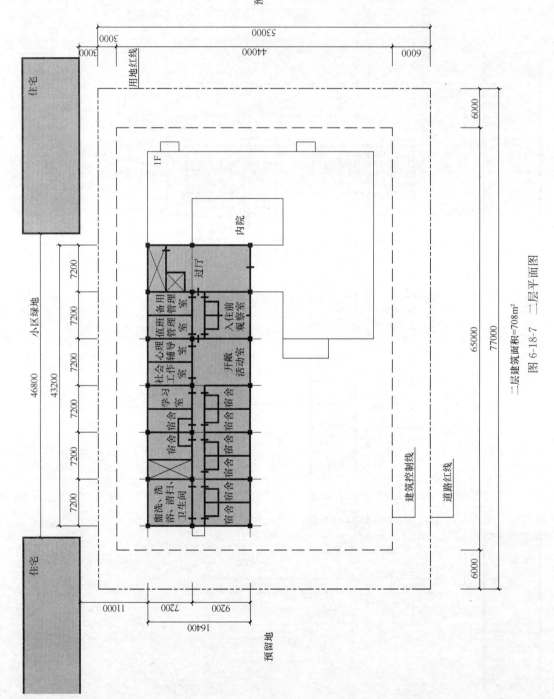

图 6-18-7 二层平面图
二层建筑面积=708m²

第十九节 湿地公园服务中心（2023年）

一、题目

某湿地公园内新建服务中心一栋。功能为餐饮服务、科普展示及配套用房。建设用地位于景区道路与湿地水体之间。道路红线、用地红线、标高等条件见图 6-19-1。

（一）设计要求

（1）新建建筑为两层钢筋混凝土框架结构，总建筑面积 1900m²。房间组成与建筑面积见表 6-19-1 及表 6-19-2。主要功能和流线关系见图 6-19-2。

一层功能房间面积分配表　　　　　　　　　　　　　　　　表 6-19-1

功能区域	房间名称		面积（m²）	小计（m²）
餐饮服务区	厨房区	男更衣室	10	322
		女更衣室	15	
		主副食库	15	166
		杂品库	15	
		厨房操作间（含食梯）	111	
	茶室		156	
	露天茶座区		120	
科普展示区	纪念品商店		104	348
	科普展厅		208	
	休息过厅（含电梯）		52	
	共享空间（含开敞楼梯）		104	
	露天展示区		120	
配套用房区	公共卫生间	男卫生间	20	208
		女卫生间	26	52
		无障碍卫生间	6	
	管理用房		52	
	设备用房		104	
交通空间	其他交通面积			52
合计				1050

二层功能房间面积分配表　　　　　　　　　　　　　　　　表 6-19-2

功能区域	房间名称		面积（m²）	小计（m²）
餐饮服务区	餐厅区	餐厅	364	434
		男卫生间	8	
		女卫生间	14	28
		无障碍卫生间	6	
	后勤门厅		10	
	配餐间（含食梯1部）		26	
	洗消间		6	
科普展示区	门厅		52	364
	科普展厅		260	
	休息过厅（含电梯）		52	
	共享空间上空		—	
交通空间	其他交通面积			52
合计				850

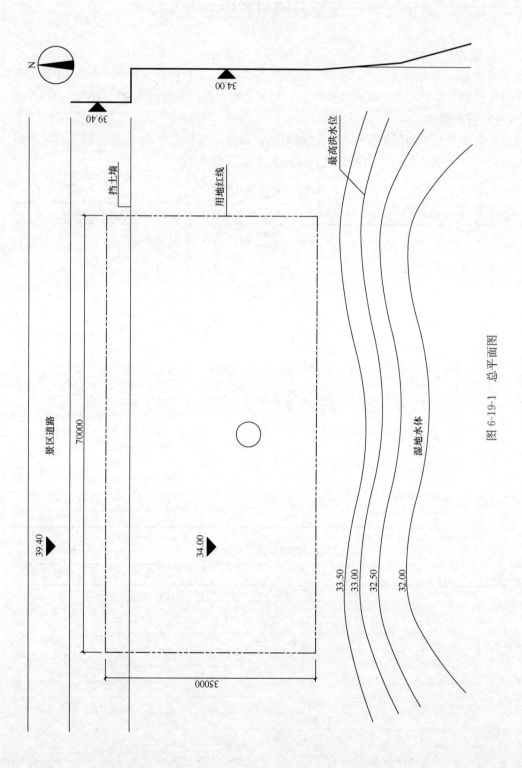

图 6-19-1 总平面图

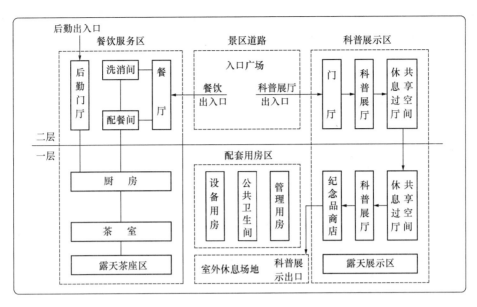

图 6-19-2 主要功能和流线关系图

(2) 建筑退道路红线和用地红线均不小于 6m。

(3) 利用场地与景区道路高差。临景区道路设置平面尺寸不小于 12m×15m 的入口广场。临湿地结合保留树木设置不小于 120m² 的室外休息场地，并设置室外楼梯、电梯各一部相互联系。

(4) 一层（±0.000）标高相当于绝对标高 34.150m。一层与二层层高均为 5.4m。

(5) 餐饮服务区设后勤出入口与景区通路相连，并须设置货梯和后勤楼梯。

(6) 科普展示区面向湿地水体方向设置两层通高的室内共享空间，内设开敞楼梯一部。

（二）作图要求

(1) 绘制一层平面图、二层平面图，并绘出建筑餐饮出入口、科普展示入口、后勤出入口及必要的疏散出口，绘出各出入口与景区道路的联系，标注建筑退让距离，注明建筑各出入口、标高、本层建筑面积。

(2) 用细虚线绘出科普展厅参观流线。

(3) 在平面图中绘出结构柱、墙体（双实线表示）、门、楼梯、电梯、台阶、坡道；标注柱网轴线尺寸，注明房间名称。

(4) 选择反映建筑空间特点的剖切位置，补充绘制科普展厅共享空间的 1-1 剖面示意图、入口广场的 2-2 剖面示意图，并在平面图中画出剖切线，注明剖切号，用粗实线表达剖切到的地面、楼面、屋面、墙体，并注明地面、墙面、屋面标高，除室外建筑形体轮廓的看线外，其他看线无需绘制。

（三）提示

(1) 建议采用 7.2m×7.2m 柱网。

(2) 建筑退让距离以轴线计。

(3) 建筑用地内不考虑机动车及非机动车停放。

(4) 货梯井道墙体轴线尺寸 2.2m×2.2m。食梯井道墙体轴线尺寸为 1.8m×1.8m。
(5) 卫生间无需布置洁具。

二、解析
(一) 读题与信息分类（图 6-19-3）

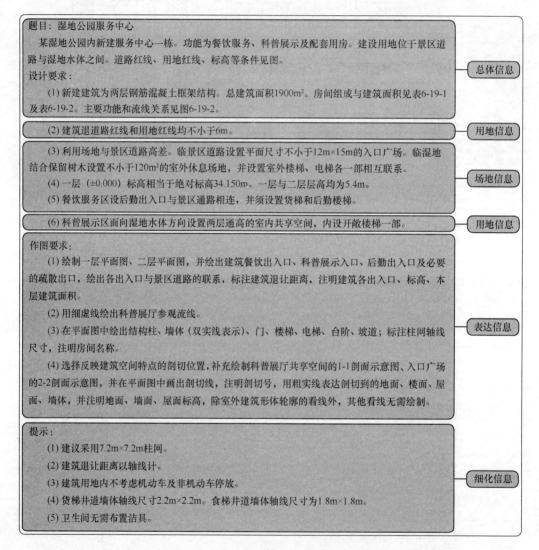

图 6-19-3 读题与信息分类

(二) 场地分析（图 6-19-4）

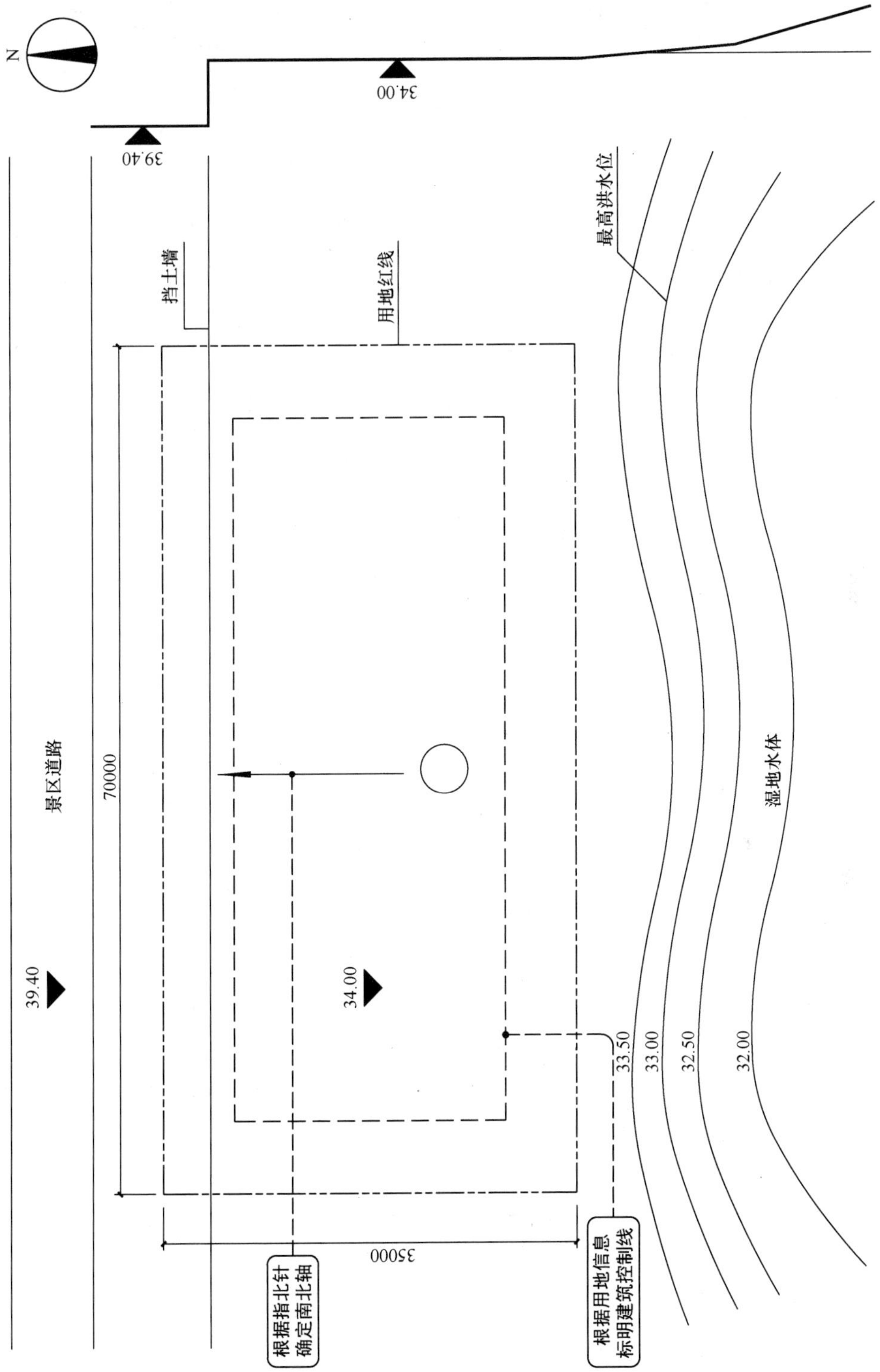

图 6-19-4 场地分析

（三）环境对接（图 6-19-5）

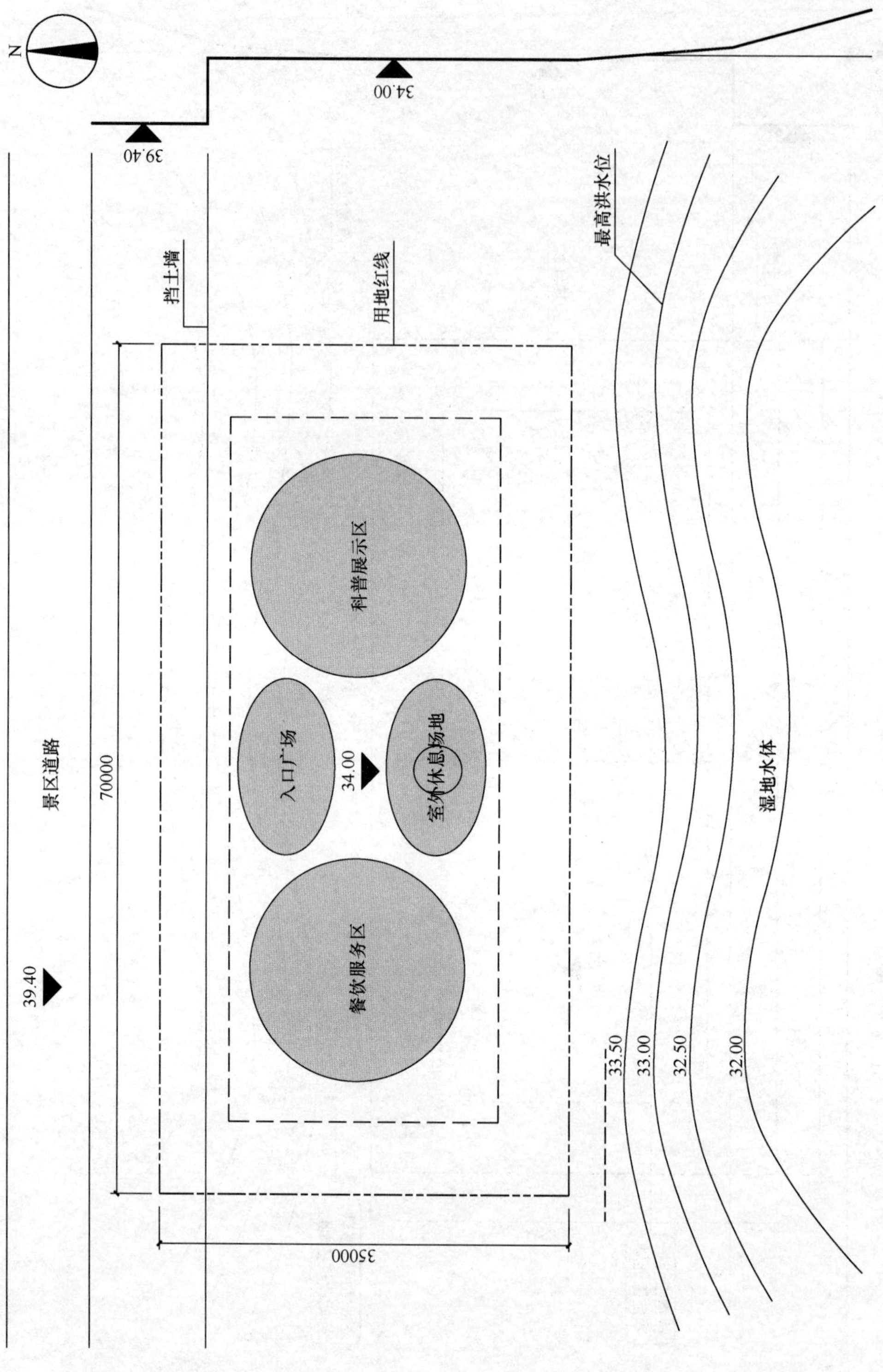

图 6-19-5 环境对接

（四）量化与细化（图 6-19-6、图 6-19-7）

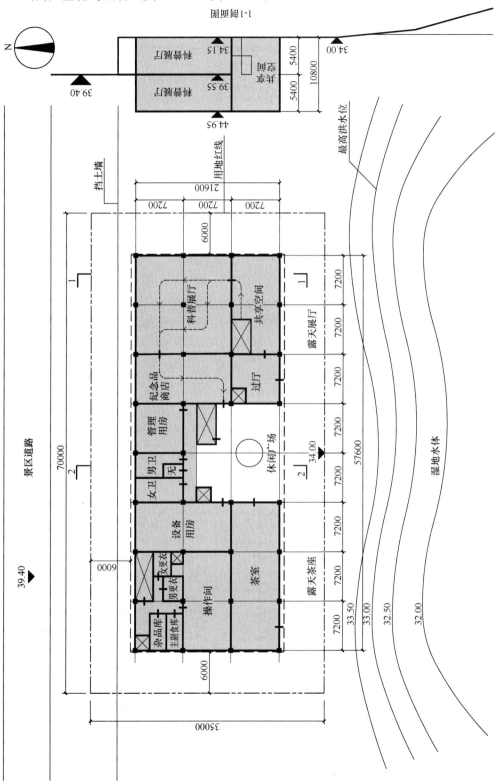

图 6-19-6　总平面及一层平面图

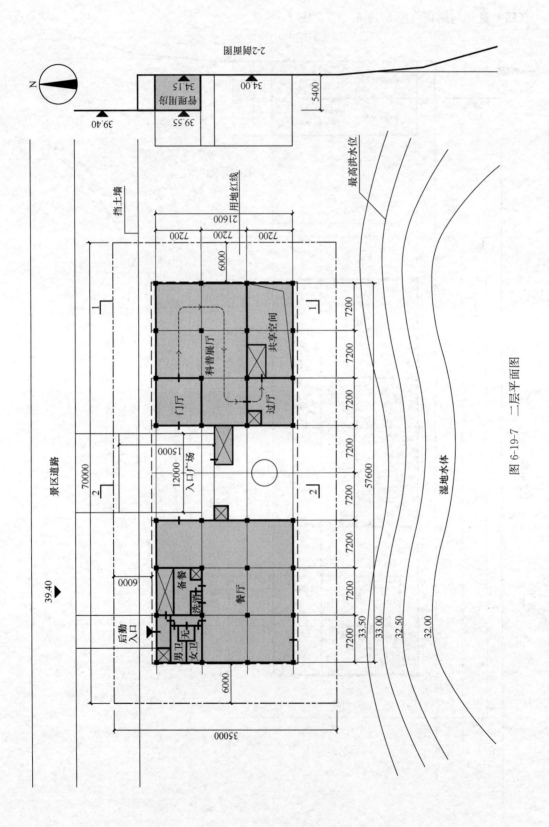

图 6-19-7 二层平面图

第二十节 模拟题练习

一、关于练习

(一) 练习的重要性

建筑设计是一项技能，不仅依赖于对其操作逻辑的理解，还要有大量的练习，以启动职业化直觉，这样才能在设计的过程中做到游刃有余，可以说场地与建筑设计的备考70%～80%依靠练习。

(二) 避免题海战术，以"一题四做"的方式进行深度练习

备考有一个核心的问题，就是要做多少习题（无论是真题还是模拟题）才能通过考试，这里就涉及两个概念，做题数量和做题质量，好的复习方法应该是尽量减少做题数量，最大限度地深化做题质量，即做透每道题，比如可采用4种做题方法，做到"一题四做"。

(1) 正做：这是最正常的考场上的做法，从题目条件到答案；

(2) 反做：这是出题人的做法，将答案拆解成碎片化的题目条件，也是一个抽象化的过程，如看到平面去抽象气泡图，是一个典型的反向练习方法；

(3) 分解做：将解题步骤中某个步骤拆分出来进行练习，这种方法在体育训练和乐器练习中常用，建筑设计也不例外，如从面积表的数据特征提炼基本网格信息，就是一个非常重要的分解小练习；

(4) 扩展做：同样也可以将上述的分解步骤进行扩展，对于从数据特征到提炼网格信息的这一步，可查阅历年真题（从2003～2021年）关于这一步的提炼方式，进行一个专题扩展总结，从而将这一步骤牢牢掌握。

当然还有题外扩展，在做完某类型建筑时，查阅一下《建筑设计资料集（第三版）》关于此类建筑的设计要点及相关实例，如做了2018年的婚庆餐厅改造题目，就可以查阅一下《建筑设计资料集（第三版）》中旅馆部分关于餐厅厨房部分的介绍，从而加深对该建筑类型的理解。

(三) 看题的必要性

并不是所有的习题都要深化去做，有时看题也很重要，比如历年真题，不一定需要全做，但是非常有必要将它们看完，尤其是结合着评分标准一起看，更好地理解题目的内在逻辑且精准地把握采分点。

(四) 关于模拟题

模拟题1～3可以看作是真题的简化版，对试卷四要素（文字、面积表、气泡图、总图）进行了抽象处理，从而将解题过程简化为空间块（房间或分区）的拼图过程，每个小练习一般在15分钟以内即可完成。

模拟题4～6在模拟题1～3的基础上，增加了更多的建筑属性，如功能、分区及一些细化要求，熟练的设计者应该在1小时内完成。

二、模拟题

(一) 模拟题1——空间拼图-1（图6-20-1）

1. 设计条件

本建筑共分为7个区，分区关系详见气泡图；

各分区面积详见面积表；

本建筑外轮廓及基本网格见图；

本建筑为对称结构。

2. 作图要求

将各分区轮廓画出；

标明分区联系及入口。

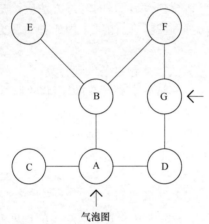

气泡图

面积表

分区	格数
A	9
B	5
C	14
D	12
E	15
F	13
G	4

建筑外轮廓线及基本网格

图6-20-1 空间拼图-1

(二) 模拟题 2——空间拼图-2 (图 6-20-2)

1. 设计条件

本建筑共分为 8 个区, 分区关系详见气泡图;

各分区面积详见面积表;

本建筑外轮廓及基本网格见图;

本建筑为对称结构。

2. 作图要求

将各分区轮廓画出;

标明分区联系及入口。

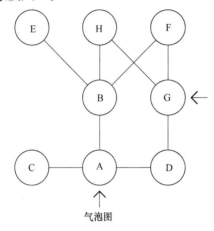

气泡图

面积表

分区	格数
A	9
B	5
C	14
D	12
E	11
F	6
G	3
H	4

建筑外轮廓线及基本网格

图 6-20-2 空间拼图-2

(三) 模拟题 3——空间拼图-3 (图 6-20-3)

1. 设计条件

本建筑东侧为城市道路；

共分为 2 个区，分区及房间详见面积表；

房间的功能关系详见气泡图；

本建筑外轮廓及基本网格见图。

2. 作图要求

将各房间及分区轮廓画出；

标明房间联系及入口。

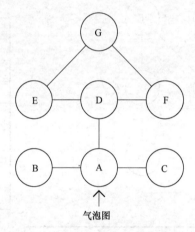

气泡图

面积表

分区	房间	格数	个数
1区	A	6	1
	B	9	2
	C	9	2
2区	D	7	1
	E	6	2
	F	9	1
	G	7	1

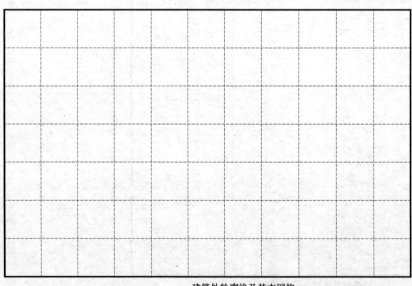

建筑外轮廓线及基本网格

图 6-20-3 空间拼图-3

(四)模拟题 4——空间拼图-4 健身中心（图 6-20-4）

1. 设计条件

用地情况详见总图；

主入口设于南侧，办公入口设于东侧；

门厅及游泳馆上部挑空；

功能关系详见气泡图。

面积总计中含交通面积，未在面积表列出。

2. 作图要求

绘制一、二层平面；

注明房间名称、尺寸、楼梯、墙、柱、门。

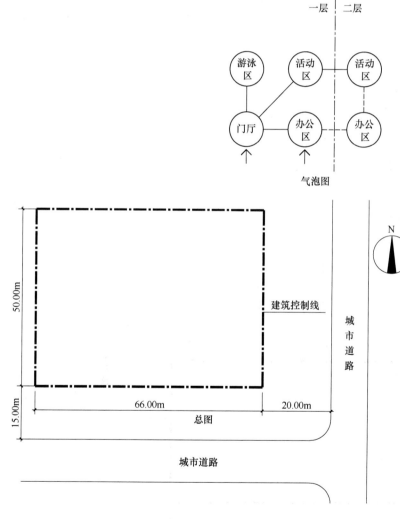

一层面积表

分区	房间	面积
公共区	门厅	384
	商店	160
	接待	64
游泳区	游泳馆	768
	男更衣	64
	女更衣	64
活动区	健身房	480
	瑜伽室	320×2
	卫生间	64
办公区	门厅	32
	管理	64
总计		3072

二层面积表

分区	房间	面积
活动区	篮球馆	640
	体操室	480
	库房	128
	卫生间	64
办公区	办公室1	24×2
	办公室2	48×4
	会议室	60×2
总计		2112

图 6-20-4 空间拼图-4 健身中心

（五）模拟题5——空间拼图-5 汽车客运站（图6-20-5）

1. 设计条件

用地情况详见总图；

出站区位于用地西侧；

进站区及候车厅层高10m，其余部分为5m；

售票室与售票厅相邻。

面积总计中含交通面积，未在面积表中列出。

2. 作图要求

绘制一、二层平面；

注明房间名称、尺寸、楼梯、墙、柱、门。

一层面积表

分区	房间	面积
进站区	进站大厅	384
	自助银行	64
	小件寄存	64
	售票厅	128
候车区	候车厅	640
	卫生间	32
	母婴候车	64
	商业	64
出站区	出站厅	256
	卫生间	32
	验票补票	64
办公区	售票室	64
	办公门厅	32
	单间办公	24×3
	空调机房	27
	卫生间	27
总计		2304

二层面积表

分区	房间	面积
餐厅区	餐厅	256
	卫生间	24
	库房	48
	厨房	128
办公区	站长办公	64
	单间办公	24×4
	会议室	128
	库房	64
	空调机房	27
	卫生间	27
总计		896

注：餐厅面积含通往二层的楼梯面积

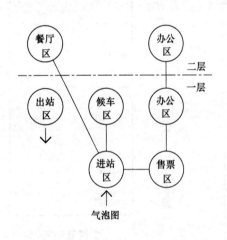

气泡图

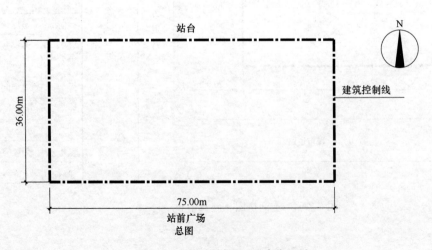

站前广场
总图

图6-20-5 空间拼图-5 汽车客运站

（六）模拟题6——空间拼图-6 文化宫（图6-20-6）

1. 设计条件

用地情况详见总图；

文化宫主入口设于东侧，办公入口设于西侧；

报告厅可独立使用；

功能关系详见气泡图。

面积总计中含交通面积，未在面积表中列出。

2. 作图要求

绘制一、二层平面；

注明房间名称、尺寸、楼梯、墙、柱、门。

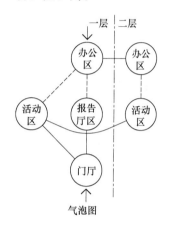

气泡图

一层面积表

分区	房间	面积
公共区	门厅	384
报告厅区	观众厅	384
	休息厅	128
	卫生间	64
活动区	美术教室	48
	书法教室	48
	围棋教室	48
	阅览室	96×2
	休息厅	128
	卫生间	64
办公区	办公门厅	64
	办公室	24×8
	机房	27
	卫生间	27
总计		2112

二层面积表

分区	房间	面积
公共区	展廊	320
	咖啡厅	128
	茶室	64
	卫生间	64
活动区	表演教室	48
	音乐教室	48
	库房	48
	舞蹈教室	96×2
	休息厅	128
	卫生间	64
办公区	会议室	48
	办公室	24×8
	机房	27
	卫生间	27
总计		1728

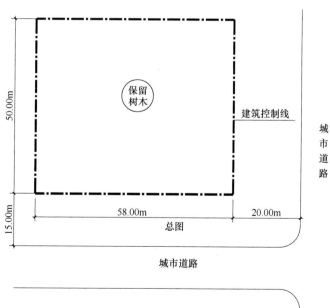

图6-20-6 空间拼图-6 文化宫

三、参考答案

（一）模拟题 1——空间拼图-1 解析（图 6-20-7）

1. 确定对称轴：由于题目要求是对称结构，故假设平面沿 A、B 对称，经过验算，C+E=D+F+G，故确认对称轴沿 A、B 设置。

2. 确定气泡形状：A 为 9 格，平方数，假设为方形；

　　　　　　　　B 为 5 格，占满对称轴即为条形；

　　　　　　　　C 为 14 格，即 12+2，为加法形；

　　　　　　　　E 为 15 格，即 3×5，完整的长方形。

3. 确定右侧拼图：依据对称结构，很容易确定右侧气泡形状及咬合关系。

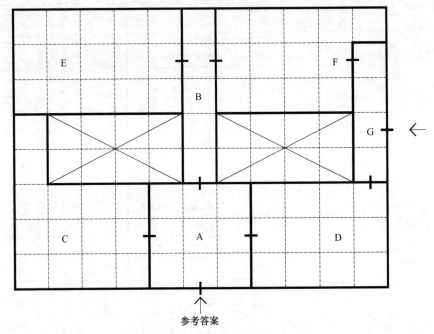

图 6-20-7　空间拼图-1 参考答案

(二)模拟题 2——空间拼图-2 解析(图 6-20-8)

1. 确定对称轴:延续上一题思路,假设平面沿 A、B 对称,经过验算,C+E=D+F+G+H,故确认对称轴沿 A、B,且 H 位于右侧。

2. 确定气泡形状:A 为 9 格,平方数,假设为方形;

   B 为 5 格,占满对称轴即为条形;

   C 为 14 格,即 12+2,为加法形;

   E 为 11 格,即 15-4,为减法形。

3. 确定右侧拼图:依据对称结构,很容易确定右侧气泡形状及咬合关系。

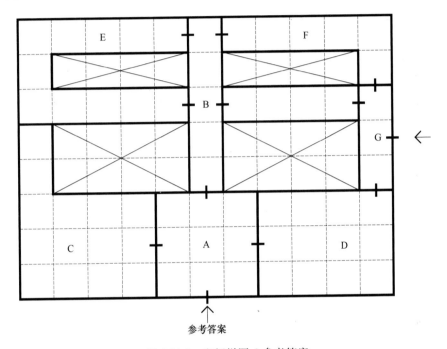

图 6-20-8 空间拼图-2 参考答案

(三）模拟题 3——空间拼图-3 解析（图 6-20-9）

1. 确定主入口：由于东侧为城市道路，依据环境对接原则，主入口应设于东侧。
2. 确定分区：依据面积表分区信息，将气泡分为两组，同时将网格左右分开。
3. 细化拼图：依据气泡关系及其大小，细化拼图组合。

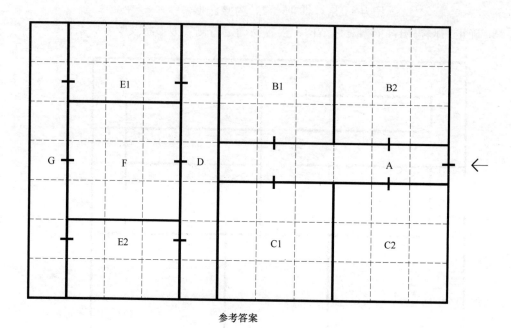

参考答案

图 6-20-9　空间拼图-3 参考答案

(四)模拟题 4——空间拼图-4 健身中心解析(图 6-20-10)

1. 确定柱网:依据面积表数据特征,确定柱网为 8m×8m。
2. 确定轮廓:依据网格单元面积 64m²,确定 8m×6m 的外轮廓。
3. 层间对位:依据面积表,确定健身房与体操室、瑜伽室与篮球馆、公共区与办公区的上下对位关系。
4. 空间细化:确定合理的大空间形状(依据泳道、篮球场),对其进行四角布置,对位协调直至定案。

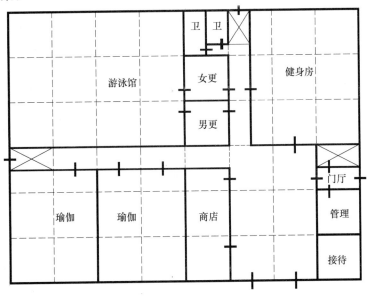

一层参考平面

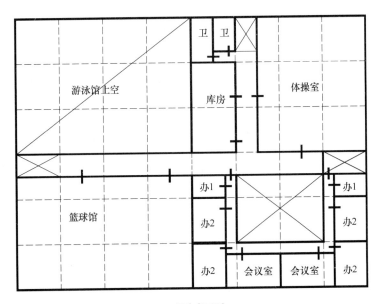

二层参考平面

图 6-20-10 空间拼图-4 参考答案

（五）模拟题 5——空间拼图-5 汽车客运站解析（图 6-20-11）

1. 确定柱网：依据面积表数据特征，确定柱网为 8m×8m。
2. 确定轮廓：依据网格单元面积 64m²，确定 9m×4m 的外轮廓。
3. 层间对位：依据面积表，确定出站区与餐厅区、办公区的上下对位关系。
4. 空间细化：确定合理的大空间形状，对其进行四角布置，对位协调直至定案。

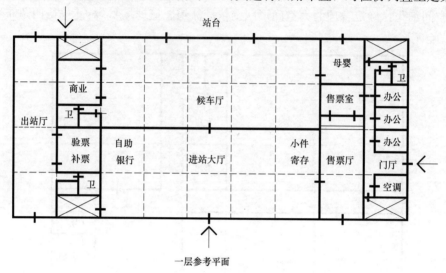

一层参考平面

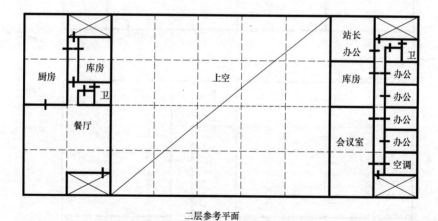

二层参考平面

图 6-20-11　空间拼图-5 参考答案

(六) 模拟题 6——空间拼图-6 文化宫解析（图 6-20-12）

1. 确定柱网：依据面积表数据特征，确定柱网为 8m×8m。
2. 确定轮廓：依据网格单元面积 64m² 及用地形状，确定 7m×6m 的建筑外轮廓。
3. 层间对位：依据面积表，确定公共区、活动区及办公区的上下对位关系。
4. 分区定位：依据外中内区分布及环境状况，确定分区位置。
5. 空间细化：根据面积表房间配置，细化各空间。

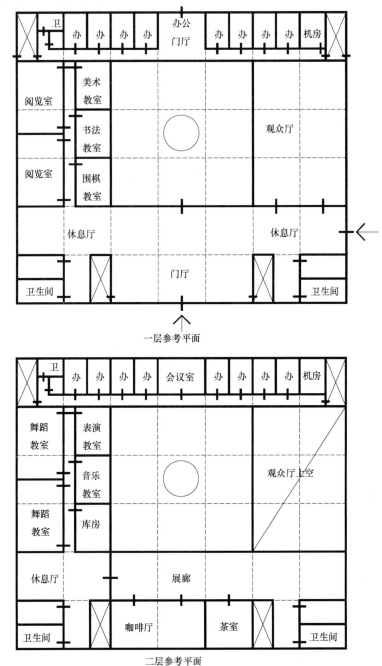

图 6-20-12 空间拼图-6 参考答案